山西省应用基础研究计划项目面上青年基金项目(201901D211451)资助
山西能源学院院级科研基金项目(ZZ-2018001)资助
晋中市软科学计划项目(R201001)资助
山西省软科学研究计划项目(2019041037-2)资助

多特征分水岭影像分割斜坡地质灾害提取

张明媚　著

中国矿业大学出版社
·徐州·

内 容 简 介

影像分割与多特征组合是目前主流的遥感信息提取方法,本书以分水岭算法作为斜坡地质灾害影像分割方法,以数字地形特征、斜坡地质灾害发育高敏感区、斜坡地质灾害几何特征构建多特征因子组合,以这些特征因子组合层次分析筛选遥感影像经分水岭算法分割后的图斑,实现斜坡地质灾害半自动化提取。全书系统阐述了分水岭影像分割与多特征组合的斜坡地质灾害遥感提取思路、关键技术及其实现过程,重点研究了基于 CIE 颜色空间区域合并的分水岭算法改进、地形因子提取时空效应及最佳尺度、斜坡地质灾害敏感性评价方法。基于上述研究,本书构建了多特征分水岭影像分割斜坡地质灾害提取方法体系,一定程度上尝试了地质灾害遥感自动化提取方法探索。

本书是作者对过往研究的总结和梳理,内容上力求做到深入浅出、通俗易懂,不仅具有一定的广度与深度,而且体现了学科交叉、协同创新解决问题的思路。本书可为遥感、GIS、地质灾害、数字地貌、图像处理等领域研究生和科研工作者提供参考。

图书在版编目(C I P)数据

多特征分水岭影像分割斜坡地质灾害提取/张明媚
著. —徐州:中国矿业大学出版社,2021.6
ISBN 978 - 7 - 5646 - 5034 - 6

Ⅰ. ①多… Ⅱ. ①张… Ⅲ. ①斜坡—地质—自然灾害
—遥感图像—图像处理 Ⅳ. ①P694

中国版本图书馆 CIP 数据核字(2021)第 123264 号

书 名	多特征分水岭影像分割斜坡地质灾害提取
著 者	张明媚
责任编辑	周 红
出版发行	中国矿业大学出版社有限责任公司
	(江苏省徐州市解放南路 邮编 221008)
营销热线	(0516)83884103 83885105
出版服务	(0516)83995789 83884920
网 址	http://www.cumtp.com E-mail:cumtpvip@cumtp.com
印 刷	苏州市古得堡数码印刷有限公司
开 本	787 mm×960 mm 1/16 印张 10.75 字数 211 千字
版次印次	2021 年 6 月第 1 版 2021 年 6 月第 1 次印刷
定 价	48.00 元

(图书出现印装质量问题,本社负责调换)

前　言

　　中国是世界上突发性地质灾害最严重的国家之一，全国现有地质灾害隐患点数量众多，受技术、环境、经费等因素制约还有大量隐患点尚未查明。根据自然资源部发布的地质灾害灾情统计，2020年全国共发生地质灾害7 840起，其中斜坡地质灾害6 607起，占地质灾害总数的84.27%，总体呈现高发、易发趋势。斜坡地质灾害是威胁人民生命和财产安全、城镇重大工程建设与运营的重大地质问题，其发生对区域生态环境、国土资源利用、区域环境安全和可持续发展带来重大影响。

　　随着3S技术与计算机图像处理技术的发展，基于遥感影像的斜坡地质灾害提取技术获得了较大的进步，传统的基于像素分类技术逐渐转换为基于面向对象分割。目前，比较成熟的遥感提取方法主要包括：① 基于几何边界的提取方法；② 基于辅助特征与信息的提取方法；③ 基于面向对象的影像分割与特征组合分类方法。对比这些方法，同质化影像分类技术和特征组合建立是斜坡地质灾害自动化提取的关键问题。建立起适用于斜坡地质灾害边界提取的影像分割方法和斜坡地质灾害多特征表征因子集，即可实现斜坡地质灾害与影像中其他地类的区分，也就实现了斜坡地质灾害的自动化遥感提取。

　　分水岭影像分割方法是常用的影像分割方法之一，其分割结果为单像素闭合且连通的区域，同时轮廓线与分割对象有较好的吻合度，因此可以作为斜坡地质灾害边界提取的影像分割方法。同时，斜坡地质灾害致灾因素众多，顾及斜坡地质灾害致灾机理及孕灾环境，利用致灾影响因子进行斜坡地质灾害特征刻画，与目前面向对象分类中的特征因子相比更具代表性与典型性。本书将地质灾害领域的知识、经验与规则融入遥感信息提取过程，以多特征信息区分遥感影像经分水岭算法分割后图斑属性归类，以期实现多特征分水岭影像分割斜坡地质灾害提取。

　　全书共7章。第1章介绍本书研究的背景与意义、斜坡地质灾害遥感提取的国内外研究现状,以及斜坡地质灾害遥感提取关键技术。第2章针对基础数据进行预处理与质量控制,分别从几何质量与基准一致性两个方面展开质量评价与控制,为本书研究提供可靠数据支撑。第3章系统地阐述了顾及斜坡地质灾害孕灾地学特征与环境特征的多特征分水岭影像分割斜坡地质灾害提取方法,并给出了提取结果精度评价指标。第4章提出一种基于CIE颜色空间的区域合并分水岭算法,建立了分水岭算法分割精度评价准则体系。第5章通过开展地形因子时空效应分析、提取不确定性分析和最佳尺度分析,明确地形因子提取时空分异特征和提取最佳尺度单元。第6章以层次分析法(AHP)、信息量模型(IV)、确定性系数模型(CF)和逻辑回归模型(LR)组合,对比开展斜坡地质灾害敏感性评价。第7章对提出的多特征分水岭影像分割斜坡地质灾害提取方法进行了适用性对比验证实验。尽管第3—6章的方法内容并不能涵盖多特征分水岭影像分割斜坡地质灾害提取的全部技术细节,但均已涉及了其中的关键问题,可以较为系统地阐述作者对斜坡地质灾害遥感提取的理解和认识。

本书的研究工作得到了山西省应用基础研究计划项目面上青年基金项目(201901D211451)、山西能源学院院级科研基金项目(ZZ-2018001)、晋中市软科学计划项目(R201001)、山西省软科学研究计划项目(2019041037-2)等的资助,在此表示感谢。另外,在项目研究过程中,导师葛永慧教授给予了悉心指导,周安朝教授、曾凡桂教授、刘鸿福教授、李彦荣教授、冯国瑞教授、李桂平教授、李自红教授级高工、相兴华教授、贾琇明教授、宋晓夏副教授、吕义清副教授、贾蓓副教授、赵晋陵副教授、李斌副教授、翟志伟副教授等提出了许多宝贵的意见和建议;在资料收集过程中,得到了山西省地质环境监测和生态修复中心、山西省测绘地理信息院、山西省矿产资源调查监测中心、太原市规划和自然资源局、山西省地质调查院遥感信息中心等单位领导与工程技术人员的支持,尤其是刘瑾教授级高工、李军教授级高工、李嵩教授级高工、张红兵高工、乔清海高工、鲁小红教授级高工、郭海青教授级高工、康志军高工、王昕宁教授级高工、贺玲玲教授级高工、雒晓卓高工等给予的帮助;在野外核查、数据整理与分析过程中,得到了薛永安、连胤卓、李凤立、陈文涛、尹冠中、蒋近、刘利、许娟娟、张丽军、陈晓华、曹慧玲、李晓静、陈波、马双、宋海萍、李海鹰等提供的帮助;在本书编写过程中,得到了中国科学院地理科学与资源研究所吴绍洪研究员、高江波副研究员的大力支持,并得到山西能源学院有关领导、老师的热忱关心与帮助。在此,向他们一并表示衷心感谢。

由于作者水平有限,书中不妥之处在所难免,恳请广大读者和同行不吝指正。

著　者

2021年3月于太原

目　录

第1章　斜坡地质灾害遥感提取概述

1.1　研究背景与意义

　　斜坡地质灾害是最常见的地质灾害,极大地影响着灾害体周围的环境及人民生命财产安全(Kalantar et al.,2018)。据中国地质调查局地质环境监测院发布的2019年全国地质灾害通报显示,2019年全国共发生地质灾害6 181起,其中滑坡4 220起、崩塌1 238起、泥石流599起、地面塌陷121起、地裂缝1起和地面沉降2起,分别占地质灾害总数的68.27%、20.03%、9.69%、1.96%、0.02%和0.03%,共造成211人死亡、13人失踪、75人受伤,直接经济损失27.7亿元。与2018年相比,地质灾害发生数量、造成的死亡失踪人数和直接经济损失分别增加108.4%、100.0%和88.4%(http://www.cigem.cgs.gov.cn/cgkx_4859/202003/t20200331_504554.html,2020)。2019年7月25日,中华人民共和国自然资源部在主汛期地质灾害防治会议中明确了我国地质灾害的严重程度,受地质灾害成灾机理和早期识别技术限制,大量地质灾害隐患点未能掌握,潜在风险巨大。因此,进行地质灾害致灾机理、灾害隐患识别、风险评价和预警预报等研究是科研工作者应着重攻关的科学与技术问题(http://www.gov.cn/xinwen/2019-07/28/content_5415972.htm,2019),也是国家稳定发展、人民安居乐业的基本需求。

　　目前,地质灾害调查主要以收集资料为基础,以初步确定原有灾害点的分布区域与位置,然后开展遥感解译与实地调查,掌握区域地质灾害分布信息。随着区域经济发展以及地质灾害治理工作的不断展开与深化,大量地质灾害点灭失,而新的地质灾害点不断涌现,形成了区域地质灾害的空间演变,导致原有地质灾害发育信息参考价值下降甚至失效。斜坡地质灾害主要包括崩塌、滑坡和泥石流(本书特指崩塌、滑坡与不稳定斜坡,简称为斜坡灾害),如何在现有工作方法、技术、研究的基础上,提高斜坡灾害的遥感解译效率及准确性,是地质灾害防治研究科技工作者必须面对的问题。

遥感技术的发展为斜坡灾害提取提供了更加快速的手段,目前,虽然有众多基于影像分类和影像分割方法的斜坡灾害提取研究,但生产中通过遥感影像提取斜坡灾害信息仍然以基于 GIS 软件的人工目视解译为主。这不仅需要技术人员具有丰富的地学知识与解译经验,同时需要大量的人力和时间投入,生产效率低下,所提取斜坡灾害信息具有较大主观性与不确定性。例如,在研究较多的区域性地震斜坡灾害提取领域(范建容 等,2012;李松 等,2015;闫琦 等,2017;付萧 等,2018;杨明生 等,2018),目前主要通过遥感目视解译和遥感影像分类信息提取技术展开,技术自动化程度不高,过程中人为过多参与导致了结果的客观性不足、效率与精度较低,难以满足快速化抗震应急和灾情评估数据定量化的需求(彭令 等,2017)。

在高分辨率遥感影像分类算法与分割技术快速发展的支持下,遥感专题信息提取技术获得了广泛的应用,开展高分辨率遥感影像自动化斜坡灾害提取日益可行(Hervás et al.,2003;Mondini et al.,2011;王世博 等,2012;许冲 等,2013;Zhan et al.,2015;张明媚 等,2016)。众多影像分割方法中,分水岭分割算法建立在影像像素的色差基础上,即其对比度越明显,分割效果越好(Haralick et al.,1991;Gonzalez et al.,2007)。而高分辨率遥感影像斜坡灾害区域为纹理与波谱一致性较高的区域,色调通常异于周围地块色调,这是分水岭影像分割技术可以应用于斜坡灾害边界自动化提取的前提。目前,在生产中常利用统计斜坡灾害发育坡度区间作为斜坡灾害解译的重点区域,敏感性评价更为斜坡灾害提取提供了高、中、低和极低发育区的预测(Pourghasemi et al.,2012;苏巧梅,2017;苏巧梅 等,2017),为生产中提高斜坡灾害解译效率提供了技术支持。同时,数字高程模型(DEM)作为辅助数据提供坡度、坡向等地形因子支持斜坡灾害提取研究也获得了一定的关注(杨树文,2013;侯伟,2014;李军,2015;张明媚 等,2016),进而发展为以坡度、裸地、面积、顺坡性为约束因子筛选影像分类结果达到自动化斜坡灾害提取(雍万铃,2016;雍万铃 等,2017)。在这些研究基础上(杨树文,2013;魏冬梅,2013;李军,2015;张明媚 等,2016),耦合 DEM 地形因子(李军,2015;张明媚 等,2016)、地质灾害敏感性评价分区(张为 等,2019)和高分辨率遥感影像分割技术综合开展斜坡灾害提取研究,是对现有斜坡灾害提取理论与技术方法的继承与集成,也是生产中斜坡灾害信息快速获取的迫切需求,具有重要的理论与现实意义。

1.2　国内外研究现状

1.2.1　基于遥感技术的斜坡地质灾害提取

（1）基于遥感的斜坡地质灾害自动提取

由于斜坡灾害的复杂性,研究者通常对遥感影像进行增强处理,进而目视解译提取斜坡灾害边界(许冲,2013)。遥感技术在地质灾害领域应用广泛,基于遥感影像信息提取方法的斜坡灾害提取也取得了一定的成果,主要集中在利用变化检测技术的滑坡提取(Hervás et al.,2003;李松 等,2010),以非监督分类、监督分类等为主的计算机分类滑坡提取(叶润青 等,2007;许冲,2013;张明媚 等,2016),采用数字抠图和谱抠图方式的遥感图像半自动滑坡提取(王世博,2011;王世博 等,2012)。随着遥感图像信息提取技术的进一步发展,支持向量机(傅文杰 等,2006;魏星,2013)和面向对象分类(张毅 等,2014)技术逐步应用于滑坡提取,还有利用植被指数的自动半自动滑坡识别方法被探索(杨文涛 等,2012;Mondini et al.,2013),均取得了一定的实践成果。其中,基于监督分类的方法应用较多,如针对地震滑坡灾害信息提取(许冲,2013)和流域滑坡信息的提取(张毅 等,2014),支持向量机的滑坡灾害信息提取(傅文杰 等,2006),基于阈值自动选取的滑坡体信息提取(杨树文 等,2012)与自动识别模型的滑坡对象识别(李勋 等,2017)等研究工作,均取得一定成效。而张明媚等(2016)则从非监督分类入手,辅以数字地貌分析,以地形因子约束划分地质灾害潜在危害区,为斜坡灾害提取提供了一种数字地形特征分析参与的人机交互模式,为斜坡灾害提取自动化研究提供了有益的实践基础。

这些研究工作主要以 SPOT 5、高分一号、资源三号、无人机影像等高分辨率遥感影像数据为数据源,以非监督分类法、监督分类法、支持向量机的监督分类法等为技术手段,对不同的斜坡灾害发育环境、发育类型开展了斜坡灾害提取研究,对推进斜坡灾害遥感自动化提取技术作出了探索。

（2）基于影像分割的斜坡地质灾害自动提取

近些年来,面向对象分类信息提取技术已经成为高分辨率遥感影像专题信息提取的主流技术(Inglada et al.,2009；Bouziani et al.,2010；Blaschke et al.,2014),以面向对象影像分割技术为主的斜坡灾害自动提取技术取得了一定的进展。其中,利用多特征规则集进行遥感影像分类信息斜坡灾害图斑提取获得了较多关注(闫琦 等,2017;雍万铃 等,2017)。研究成果有基于认知模式与场景理解过程而建立的斜坡灾害识别模型(彭令 等,2017),识别精度较高;同时,有针对泥石流滑坡的快速提取模型(苏凤环 等,2008),有基于区域合并的半自动地质灾害提取方法(王鹏 等,2018),还有改进算法的面向对象斜坡灾害提取方法(王宁 等,2018)。

这些研究工作主要以面向对象分类技术为基础开展影像分割斜坡灾害提取研究,数据主要集中在高分一号、高分二号、QuickBird 等高分辨率遥感影像,方法从面向对象技术开始,基于多尺度分割方法的 eCognition 软件应用,到序列化影像变化检测、边缘提取、形态学、多尺度分层提取等众多方法的探索实践,使斜坡灾害遥感提取进一步准确快速化,但这些方法规则复杂,处理过程繁杂,处理结果存在过分割及需要后处理等过程,不利于技术的常规应用。

综合遥感影像斜坡灾害提取研究现状,虽然基于分类、分割、变化检测、形态学、边缘提取、多层次分层提取、多源数据提取、配合 DEM 数据和多因子约束筛选提取的遥感影像斜坡灾害提取等方法被应用于斜坡灾害自动提取,但是,这些方法均有一定的适用性,通用性不足,未能解决基于高分辨率遥感影像的斜坡灾害自动化提取问题。目前斜坡灾害提取工作仍然停留在目视手工解译为主的阶段,影像与斜坡灾害之间的自动化准确转换仍是影像提取研究者须解决的问题之一。

1.2.2 多特征面向对象分类斜坡地质灾害提取

陈秋晓等(2004)提出了基于多特征的遥感影像分类方法,基于光谱特征进行分类,进而建立特征组合,基于分类结果与特征组合之间的对应关系进行类别映射得到最终分类结果。蔡银桥等(2007)进而开展了基于多特征对象的高分辨率遥感影像分类实践,取得了一定的成果。刘书含等(2014)基于分水岭算法,辅以几何特征与纹理特征,提出了一种基于多特征的面向对象遥感图像分类算法,以高分一号影像开展实验,有效地提高了遥感图像分类精度。邹瑞雪(2017)系统性地统计了 6 种特征组合的分类结果,结果表明:光谱特征+空间特征+颜色特征组合是较为理想的面向对象分类多特征组合。在建筑物遥感提取中,多特征面向对象影像分类技术取得了较好的应用(张明媚,2012;张明媚 等,2013;林雨准 等,2017;吕凤华 等,2017;吴柳青 等,2019)。然而,遥感影像分类方法由于受到诸多因素影响而面临诸多挑战(贾坤 等,2011),这些多特征面向对象的信息提取研究(金永涛 等,2016;吴喆 等,2017;戴激光 等,

2018;赵敏 等,2018),为斜坡灾害遥感提取提供了理论与实践参考。

目前,基于面向对象的影像分割与特征组合分类方法已成为应用较为广泛的斜坡灾害提取方法(李强 等,2019;林齐根 等,2017;黄汀 等,2018)。其中,林齐根等(2017)提出一种综合光谱、空间、地形和形态特征的面向对象滑坡自动识别方法,滑坡提取质量为 74.04%,识别率达 95%。黄汀等(2018)以面向对象多尺度分割为基础算法,以植被覆盖度、斑体长度和长宽比构建提取规则,结合滑坡特征实现了极震区滑坡灾害快速提取。同时,以地形因子作为特征辅助斜坡灾害提取研究引入了地形特征(Mauro et al.,2001;李军,2015;张明媚等,2016),进而发展为以坡度、裸地、面积、顺坡性为约束因子的滑坡灾害提取研究(雍万铃 等,2017)。

但是,目前面向对象斜坡灾害提取研究中所建立的特征组合多是从光谱特征、几何特征、拓扑特征和纹理特征等几个方面建立的(陈秋晓 等,2004;丁辉等,2013;林齐根 等,2017),受光谱特征权重、紧致度权重影响较大(张海涛,2017),未考虑斜坡灾害本身依存的影像特征(童立强 等,2013)、地学特征与空间特征(李强 等,2019),对该方法在斜坡灾害领域的进一步应用提出了挑战。

1.2.3　分水岭影像分割信息提取

图像分割技术发展自 20 世纪 60 年代,至今已出现上千种针对各种应用的图像分割算法(Zhang Y J et al.,1994),且在不断更新与扩展之中。这些算法一般基于同质性、异质性准则将图像划分成不同的区域(Haralick et al.,1991),或基于影像亮度值的不连续性、相似性(Gonzalez et al.,2007)开展分割。众多影像分割算法中,分水岭算法的研究不断深入,从溢流法(Vincent et al.,1991,Hagyard et al.,1996)的提出到应用,分割图像从灰度图像发展到彩色图像分割(Shafarenko et al.,1997),算法速度更快的降水分水岭分割,基于纹理与形态学梯度融合的分水岭分割(Hill et al.,2002),直到 2003 年由 Soille 对分水岭分割算法进行了系统性总结(Soille,2003),从而有了分水岭算法在遥感影像信息提取领域的众多应用(张海涛 等,2015;余烨 等,2016;张建廷 等,2017;闫鹏飞 等,2018)。针对分水岭算法引起的过分割问题,基于后处理改进区域合并的分水岭算法(徐天芝 等,2016;闫鹏飞 等,2018)以不同的相似性测度实现分割区域合并,达到了分割结果中碎斑抑制,改善了分割效果。而基于 Lab 颜色空间进行色差距离度量开展影像亮度均衡性研究(Xue Y A et al.,2012),逐渐过渡到分水岭影像分割区域合并研究(Xue Y A et al.,2021),其均得到了较好的分割结果。目前高分辨率遥感影像最佳分割尺度参数主要以试错法获得,通过使用非监督分割评价模型(Zhang et al.,2008)或监督分割评价模型(Tong et al.,2012;Liu et al.,2012)对一系列不同尺度的分割结果对比分析选择最优分割尺度。而所谓最优分割尺度实际上就是寻找地物空间相关性是否存在一个临界点,当到达临界点时就是最优分割尺度(Ming D et al.,2015)。有研究者尝试基于 HSI 颜色模型(何培培 等,2014;王娅,2017)和基于改进颜色空间等分水岭分割算法(张桂梅 等,2012;贾新宇 等,2018)的研究,也有基于 Lab 颜色空间的图像分割研究,且大部分研究配合聚类算法进行影像分割(吕金娜,2016;吴迪 等,2017;王礼 等,2018)。

针对分水岭分割算法的改进按照分水岭分割算法流程可以归纳为在传统分水岭分割算法之前进行处理(前处理)、之后进行处理(后处理)和将两者结合起来(前、后结合处理)。沈夏炯等(2015)总结了分水岭分割算法的研究现状后认为目前改进分水岭分割算法的方法主要包括:① 前处理的方法:以抑制影像噪声、增强对比度为主的算法;② 后处理的方法:以相似性测度为主的区域合并规则算法;③ 前、后结合处理的方法:综合"前处理"改进和"后处理"改进,属于组合方法,也是改进方法中最为完善的方法,可以达到事先控制、事后改善的效果。闫鹏飞等(2018)提出了一种尺度自适应的高分辨遥感影像分水岭分割方法,不仅提高了影像分割精度,也保证了分割参数选择的自动化程度。尺度自适应估计不能只针对整幅遥感影像,对一种或几种地物类型的分割尺度自适应估计则需要进一步的研究,因为并不存在一个适应于影像中全部地物的唯一尺度(Bhandarkar et al.,1997;Raffaele et al.,2009)。

影像分割方法众多,其中分水岭分割算法研究较多,而斜坡灾害影像特征所体现的灾害体内同质性高、与相邻地物异质性高的特点非常适合分水岭分割算法提取,利用其配合区域合并解决过度分割的碎斑问题,实现分割与后处理一体化,是简化遥感斜坡灾害提取流程的可行手段。因此,研究改进分水岭分割算法提取斜坡灾害信息对推进遥感信息提取技术在地质灾害领域的支撑作用非常有现实意义,对推进分水岭分割算法的更广泛应用也是非常有意义的研究工作。

1.2.4 影像分割精度评价

影像分割效果的好坏直接影响后续信息分析处理的结果和精度(Yasnoff et al.,1977;Lka et al.,2003),因此对遥感影像分割方法进行全面和客观的评价是十分必要的(明冬萍 等,2006),影像分割精度评价与影像分割技术本身同样重要(陈扬洋 等,2017),常采用定性与定量的方式开展评价(张仙 等,2015;陈扬洋 等,2017)。然而,遥感影像分割时存在多种不确定因素,定量评价不同影像分割算法的优劣是影像分割研究领域公认的难题之一(肖鹏峰,2012;朱成杰 等,2015)。用于图像分割评价的方法可以分为两大类,一是直接评价法,二是间接评价法(章毓晋,1996)。对比两种方法,直接评价法需要从算法原理的角度出发,定量准则建立难度较大。而间接评价法中的像元数量误差、像元距离误差等则较好确定。因此,间接评价法更具实际操作性。

间接评价法在应用中可以从两个方面进行考虑,一种是不引入基准数据,直接对分割结果进行区域内部同质性和区域间异质性的计算,用计算结果评价影像分割结果,如 Q 准则(Borsotti et al.,1998);另一种是采用基准数据,即事先获取分割区域的正确结果作为参考图,计算分割结果与基准数据之间的吻合程度来评价影像分割结果,如像元数量误差准则(Carleer et al.,2005)、F 测度(Martin et al.,2004)、像素分类误差准则(肖鹏峰,2012)等,而基于样本的统计方式开展精度评价则是遥感影像分类精度评价的主要方法,该方法通过计算各种统计量给出分类精度值(赵英时 等,2012)。

林珊珊等(2013)提出了由过分割、欠分割、边缘匹配、分割块数和形状误差组成的遥感影像分割分类精度评价指标,实验证明了这些指标的有效性。陈洋等(2018)提出一种基于形位相似的遥感影像分割质量评价方法,对多尺度分割算法和分水岭分割算法的分割结果进行评价,与同类研究(Wang et al.,2015)进行了对比分析,效果良好。

在众多的影像分割质量评价研究中,各类指标不断被提出,如 Lucieer A 等(2002)提出的 AFI 评价指标、陈秋晓等(2006)提出的 FSCP 评价指标、Molier M 等(2007)提出的 RA 评价指标、Yang J 等(2015)提出的 SEI 评价指标和毛召武等(2016)提出的 ESI 和 CDI 指标组合。陈扬洋等(2017)在对当前研究进行系统化分析的基础上进行了高空间分辨率遥感影像分割定量实验评价方法综述,认为目前具有一定适用性的分割质量评价方法可以划分为五大类,分别为:主观评价(Hay et al.,2005)、系统级评价(Shin et al.,2001;Laliberte et al.,2009;Li et al.,2011;Dronova et al.,2012;Johnson et al.,2013;Hofmann et al.,2015;Zhang X L et al.,2015)、分析评价(Liedtke et al.,1987;Cardoso et al.,2005)、监督评价(Hoover et al.,1996;Mccane,1997;Anders et al.,2011;韦兴旺 等,2018;李泽宇 等,2019)和非监督评价(Weszka et al.,1978;

May,1985)。尽管这些研究成果为高分辨率遥感影像分割精度评价提供了不同的支持,但目前最常用的分割精度评价方法依旧是主观评价法(陈扬洋 等,2017),如何定量、客观地评价分水岭影像分割精度仍然是影像分割研究者需要去解决的难题之一。

1.2.5　DEM 数字地形分析

DEM 是地形曲面的数字化表达,可以科学而真实地描述、表达和模拟地形曲面实体(杨昕 等,2009)。目前,可用的 DEM 数据众多,如美国地质调查局(USGS) 向公众提供了免费使用的 90 m 分辨率 SRTM DEM 和 30 m 分辨率 ASTER GDEM,我国建立的全国基础地理信息数据库,包括 1∶1 万、1∶5 万、1∶25 万和 1∶100 万的 DEM 数据。应用这些数据进行数字地形分析理论研究与应用验证,推动了我国数字地貌研究走向更深层次的研究。

测量不确定性的存在,使得各类 DEM 数据不可避免地存在各类误差,在不同程度上降低了数字地貌分析结果的可靠性,引发对其结果可信度的担忧。为此,学者们从不同的角度展开研究,其中,有学者(汤国安 等,2000;Yong et al.,2003)对 DEM 地形描述误差进行了分析,还有学者(陈楠 等,2003;陈楠 等,2004)以 1∶1 万比例尺 DEM 为基准,研究了 1∶5 万 DEM 的地形信息容量及提取不同地形要素的精度。汤国安等(2007)首次提出等高线套合差的概念,王春等(2009)则提出了 DEM 地形形态保真度的概念。还有学者针对我国 1∶5 万 DEM 采用 28 个分布在图幅内和图幅边缘的检验点,计算其与真值之间的中误差来对 DEM 质量进行大体精度评价(詹蕾 等,2010)。这些研究工作都力图揭示 DEM 数据误差对数字地形分析的影响及寻找削弱误差的办法。

坡度与坡向是数字地形分析中最基本的地形定量因子,目前,基于 DEM 数据自动提取地面坡度与坡向的方法已经成熟,但是所提取坡度与坡向的精度明显受到 DEM 分辨率的制约。其中,坡度与 DEM 分辨率的关系被研究者关注,对其的研究获得了一定的认识(汤国安 等,2001;汤国安 等,2003;刘学军 等,2004;陈楠 等,2006)。

针对地势起伏度最佳提取单元的研究(张锦明 等,2011;张锦明 等,2013),众多学者以不同尺度的 DEM 在不同实验区开展了研究工作,所得结果各异(王志恒 等,2014;王让虎 等,2016;杨艳林 等,2018)。如对全国范围进行的地势起伏度最佳统计单元有 21 km² (涂汉明 等,1990)、25 km² (刘新华 等,2001)和 2.25 km² (赵斌滨 等,2015),部分研究者(张军 等,2008;王玲 等,2009)对新疆以 1：25 万 DEM 数据进行分析得到地势起伏度最佳统计单元为 2.56 km²。其中,陈学兄等(2016)基于 30 m 分辨率 ASTER GDEM 数据,在不同大小邻域窗口下采用均值变点法计算得到山西省地形起伏度提取的最佳计算单元为 17×17 网格大小(0.260 1 km²)。

在数字地形分析理论与应用快速发展的基础上,杨昕等(2009)系统地进行了数字地形分析的理论、方法与应用综述,汤国安(2014)对我国数字高程模型与数字地形分析的研究进展进行了综述,这对数字地形研究的进一步发展具有重要的理论参考意义。同时,汤国安等(2005;2015)结合黄土高原地区的数字地形分析的实际研究,介绍了 DEM 在地学分析中的应用,对推动我国数字地貌研究、推广数字地形分析方法的应用具有指导意义。

尽管数字地形分析已经取得了较好的研究进展,但是,目前的多源、多时相、多尺度 DEM 数字地形特征提取是否可以为斜坡灾害敏感性分区提供更准确的因子服务,DEM 地形因子是否可以与遥感影像结合进行斜坡灾害提取研究,仍然是有待探索与实践的问题。

1.2.6　斜坡地质灾害发育敏感性评价

斜坡灾害敏感性是指在特殊地形或某些因素作用下发生斜坡灾害的可能性(Pourghasemi et al.,2012),斜坡灾害敏感性评价是指某一地区现存或潜在斜坡的空间分布概率的定性或定量分析。斜坡灾害敏感性评价的目标是基于斜坡灾害历史编目数据和孕灾环境因子数据,确定孕灾环境因子对斜坡灾害发生的贡献度,最后基于地理信息系统的空间分析功能进行斜坡灾害敏感性制图(邢变丽 等,2013)。

近年来,国内外学者使用不同的数学模型开展区域斜坡灾害敏感性评价,均取得不错的成果。最常用的评价方法有:层次分析法(AHP)(Kumar et al.,2016)、逻辑回归模型(LR)(Das et al.,2010;Raja,2018)、神经网络法(NN)(Pham et al.,2018)、信息量法(IV)(Balsubramani et al.,2013)、决策树(DT)(Hong et al.,2016)、支持向量机(SVM)(Chen et al.,2016)等。每种方法都有其优缺点,更多的学者在同一地区采用不同的模型进行比较研究,选取最优结果,如频率比法与证据权法的比较(Guo et al.,2015),频率比法、逻辑回归与人工神经网络法的比较(Aditian et al.,2018),频率比法、统计指数与层次分析法的比较(Nicu et al.,2018),基于核的高斯过程,支持向量机和逻辑回归的比较(Colkesen et al.,2016),层次分析法、频率比法与逻辑回归的比较(Shahabi et al.，2014)等。

目前，地质灾害敏感性评价研究工作已经取得了众多研究成果(Yalcin，2008；Ishizaka et al.，2009；Patriche et al.，2016；Myronidis et al.，2016；Achour et al.，2017；Hong et al.，2018；Abdollahi et al.，2019)，但是针对斜坡灾害的敏感性评价工作主要集中在滑坡灾害，虽然影响因子选取大致相同，但各有差异。如何选取适用于研究区域的斜坡灾害敏感性评价因子序列及敏感性评价模型，因子相关性分析和模型对比是目前常规但实用的方法手段。

1.3　斜坡地质灾害遥感提取关键技术

目前，众多研究者通过多尺度与多特征组合进行面向对象的信息提取研究(金永涛 等，2016；吕凤华 等，2017；戴激光 等，2018；赵敏 等，2018；吴柳青 等，2019)，多尺度分割及多特征组合成为当前一种流行的斜坡灾害提取方法(丁辉 等，2013；刘书含 等，2014；雍万铃 等，2017)。eCognition 软件作为全球首款面向对象的遥感分类软件，采用多尺度分割方法进行信息提取，该方法是一种区域增长和合并的方法。分割后则采用光谱特征、形状特征、空间关系等特征因子分类提取目标体(周成虎 等，2009)。

分水岭影像分割方法是常用的影像分割方法之一，其分割结果为单像素闭合且连通的区域，同时轮廓线与分割对象有较好的吻合度，因此可以作为斜坡灾害边界提取的影像分割方法。但是，分水岭影像分割方法只能获取基于光谱特征的闭合分割区域，并不能区分各个区域图斑的分类属性，难以实现斜坡灾害等目标体的分水岭影像分割自动提取。同时，斜坡灾害诱发因素众多，考察其致灾机理及孕灾环境，斜坡灾害可通过众多因子对其进行特征刻画，这些基于致灾机理及孕灾环境的多特征因子与 eCognition 软件面向对象分类中的特征因子相比更具代表性与典型性。

综上所述，参考基于特征的面向对象信息提取思想，综合考虑斜坡灾害发育特征因子，在现有研究的基础上(Xue Y A et al.，2012；张明媚 等，2016；张明媚 等，2017；张明媚 等，2019a；张明媚 等，2019b)，提出一种多特征分水岭影像分割斜坡灾害提取方法，以多种特征因子辅助分水岭影像分割结果实现斜坡灾害自动提取。显然，基于多特征分水岭影像分割的斜坡灾害提取方法存在的主要技术问题为：

(1) 高分辨率遥感影像斜坡区域为纹理与波谱一致性较高的区域，色调通常异于周围地块色调,这为斜坡灾害边界自动化提取提供了分水岭影像分割的可行性。目前,分水岭影像分割方法通过前改进、后改进、前后改进可以实现分割图斑的碎斑自动合并,提高影像分割效率与分割效果。应在现有研究的基础上,改进传统分水岭分割算法,建立适用于斜坡灾害边界提取的改进分水岭算法。

(2) 坡度、地势起伏度是数字地形表征的特征因子,现有研究表明这两个因子与斜坡灾害发育存在密切关联性(郭芳芳 等,2008),也是基于地貌特征提取斜坡灾害的重要地形因子。然而,受 DEM 数据源、分辨率、获取时间及数据质量影响,不同区域的 DEM 提取坡度与地势起伏度存在时空效应与尺度效应。应选取适用于研究区域的最佳 DEM 尺度开展坡度与地势起伏度提取,为分水岭影像分割斜坡灾害提取提供可靠数字地形特征因子。

(3) 斜坡灾害发生后,通常在影像上表现为地表裸露,因此现有研究中通常以裸地作为斜坡灾害遥感提取的重要特征之一(张明媚 等,2016;雍万铃,2016)。但是,斜坡灾害治理中坡体绿化是常用的技术手段之一,而灾害点所记录空间位置通常处于坡体的中心或重心位置,统计分析灾害点与土地利用之间的关系时灾害点往往并不完全位于裸地,这对以裸地为因子进行斜坡灾害图斑筛选带来较大不确定性。近些年,斜坡灾害发育敏感性评价研究取得了较大的进展,以斜坡灾害发育敏感性评价的高敏感区代替裸地作为特征因子进行斜坡灾害图斑筛选具有理论可行性。然而,敏感性评价研究方法众多、因子众多,应通过理论分析与对比研究建立适用于区域特征的敏感性评价模型,为分水岭影像分割斜坡灾害提取提供孕灾环境特征因子。

1.4 主要研究内容

立足于斜坡灾害信息快速获取的实际需求,具体研究内容如下:

(1) 多特征分水岭影像分割斜坡灾害提取方法

① 建立斜坡灾害遥感提取多特征因子组合,主要从数字地形特征、斜坡灾害敏感性特征、几何特征三方面考虑细化因子;

② 建立多特征分水岭影像分割斜坡灾害提取方法体系,明确特征组合图斑筛选流程及阈值确定方式,并分析给出结果验证与精度评价方式。

(2) 后处理改进 CIE 颜色空间区域合并分水岭算法

① 以色差为区域相似性度量指标,研究基于 CIE 颜色空间的区域合并算

法,以 VC++语言开发 CIE 颜色空间区域合并算法验证平台,对传统分水岭算法分割结果进行合并,建立基于 CIE 颜色空间的区域合并分水岭分割算法;

② 对影像分割质量评价准则进行分析,研究建立分水岭算法影像分割精度评价准则体系;

③ 实例验证基于 CIE 颜色空间区域合并分水岭分割算法的斜坡灾害边界提取有效性和适用性,并做对比实验分析。

(3) DEM 提取地形因子的时空效应及最佳尺度

① 以高精度 DEM 数据开展 DEM 地形因子提取时空效应研究;

② 以平均坡度、平均地势起伏度开展坡度提取最佳 DEM 尺度和地势起伏度提取最佳统计窗口研究。

(4) 斜坡灾害发育敏感性评价

① 从地形地貌因素、地质因素、人为动力因素、自然因素四个方面进行斜坡灾害空间分布特征分析,掌握斜坡灾害孕灾地学特征与环境特征;

② 对地形地貌因素、地质因素、人为动力因素、自然因素所包含的二级因子进行相关性分析,建立斜坡灾害敏感性评价无关因子序列集;

③ 以层次分析法(AHP)、信息量模型(IV)、确定性系数模型(CF)、逻辑回归模型(LR)组合开展斜坡灾害敏感性评价,对比几种组合模型评价结果的可靠性,选择最佳模型完成斜坡灾害发育敏感性评价分区。

(5) 多特征辅助 CIE 颜色空间区域合并分水岭算法斜坡灾害提取

以 CIE 颜色空间区域合并分水岭算法为影像分割方法,以数字地形特征、斜坡灾害敏感性特征、几何特征为特征组合,开展多特征辅助 CIE 颜色空间区域合并分水岭算法斜坡灾害提取实验,同时对比面向对象分类法,实例验证多特征分水岭影像分割斜坡灾害提取方法的有效性和适用性。

1.5 技术路线

以山西省太原市城区西山地质块体为研究区,以多源、多时相、多尺度基础地理信息数据(遥感影像、地形图、DEM),采煤、地质资料,相关数据资料等为基础数据,以 ArcGIS 为数据处理平台,以 VC++为程序设计语言,通过理论分析、数据处理、模型建立、程序设计、实例验证、结果分析等步骤展开研究。

总体技术路线如图 1-1 所示。

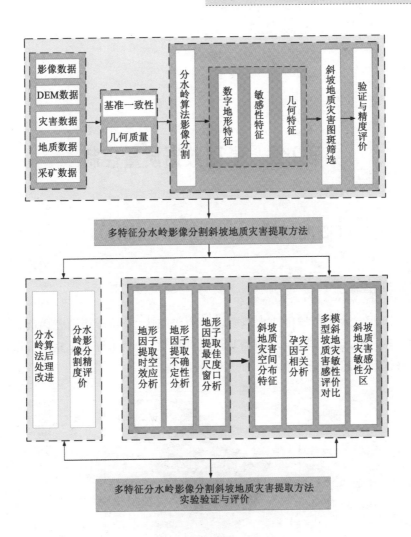

图 1-1 总体技术路线图

第 2 章　基础数据质量控制

2.1　研究区概况

2.1.1　地理概况

以山西省太原市城区西山地质块体为研究区,其位于山西省中部、太原盆地的西端,是太原市斜坡灾害发育较严重的区域,包括太原市下辖的尖草坪区、万柏林区和晋源区,总面积 441.063 km²(图 2-1)。

图 2-1　研究区地理位置图

研究区属黄河流域,汾河为区内最大的河流,是黄河的第二大支流,发源于忻州市宁武县东寨镇管涔山脉楼子山下水母洞,流经宁武、静乐之后,经兰村峡谷流入研究区,由研究区西北部流向东北部。区内还有虎峪河、玉门河、西沙河、风峪河等季节性河流,丰水期河水猛涨猛落,流量大,枯水期则流量小或断流。

2.1.2　地层岩组

研究区内主要出露地层由老到新有:下古生界奥陶系、上古生界石炭-二叠系、新生界新近系和第四系。

下古生界奥陶系地层主要分布在研究区西北部尖草坪区马头水乡东北一带,西部万柏林区、晋源区边山零星出露。

上古生界石炭-二叠系地层为研究区山区主要出露地层,二叠系主要出露在万柏林区庙前山一带,新生界第三系、第四系地层为边山丘陵及山体顶部地带主要出露地层。

奥陶系为一套由石灰岩、泥灰岩、白灰质灰岩、白云岩及少量竹叶状灰岩组成的沉积岩组合,整合接触于寒武系之上。中统上下马家沟组灰岩主要用于建筑石料开采,峰峰组二段灰岩主要用于熔剂灰岩。研究区内峰峰组二段分布有石膏矿。

石炭系为一套由砂质页岩、页岩、砂岩、含砾石英砂岩及煤层组成的海陆交互相碎屑岩,含煤建造,平行不整合于奥陶系之一,研究区 2#、3#、6#(7#)、8#、9# 煤层主要开采层位,底部为铝土矿开采层位。

二叠系主要由一套黄绿色、灰黄色、杏黄色、紫色黏土质砂岩,碳酸盐岩及煤线组成的河湖-沼泽相碎屑岩建造。

新近系和第四系主要为浅黄色、灰色、棕黄或浅红色粉土及粉质黏土,夹层数不等的钙质结核。

2.1.3　地质构造

研究区地处山西断隆中部,新生代晋中断陷盆地的北端。区内构造较为简单,构造线大体呈北东-南西向,黄土盖层向东或东南缓倾斜。

研究区内断裂构造较发育,分布集中的地区为太原断陷盆地西侧,一组为横向断裂,即北东东-东西向断裂;另一组为纵向断裂,即北北东-北北西向断裂,为上新世-第四纪断裂,活动性较强,但规模不大。

西山山前断裂带基本呈北北东向,北起万柏林以北,南至晋祠以东,局部走向稍有变化。晋祠-文水-交城断裂带呈北东向,目前仍有活动。

2.1.4 地形地貌

研究区位于吕梁山脉东翼,山高坡陡,沟壑纵横,沟谷深切多呈 V 字形。区内最高山峰为庙前山,海拔为 1 865 m,西北侧为次高点石千峰,海拔为 1 775 m,平均高程 1 392.9 m,最大相对高差 442 m,一般高差为 100 m 左右。

2.1.5 地下采矿情况

研究区内以煤矿开采和石膏矿开采为主,采矿活动历史悠久。西山矿区除了正规的国有大矿以外,还分布有数量庞大的村办、乡办、联营煤矿,在煤炭市场繁荣时还有一定数量私挖乱采的黑煤窑,在空间上逐渐形成了大矿与小矿相互纠葛的地下采矿扰动影响区。太原市城六区地下采矿扰动影响区分布图显示,研究区内地下采煤活动扰动影响区主要分布在以山西焦煤集团有限责任公司杜儿坪矿、官地矿、白家庄矿、西铭矿及西峪矿为主体的西山地下采煤区。石膏开采区域主要分布于研究区内的屹嵺沟一带。

2.1.6 斜坡地质灾害

太原市晋源区晋祠镇、晋源街办、金胜镇西部、罗城街办,万柏林区杜儿坪街办、西铭街办、王封乡、虎峪河流域等区域多分布于剥蚀侵蚀中低山区,出露石炭、二叠系地层,砂泥岩风化强烈,黄土覆盖薄,常沿软弱结构面发生斜坡灾害。

尽管在蒙山地质环境综合治理、虎峪河流域地质灾害治理、玉门河流域地质灾害治理、城郊森林公园建设过程中,大量斜坡灾害隐患点灭失,但新增的斜坡灾害仍然威胁着区内人民群众的生命与财产安全,如 2013 年 10 月晋源区姚村镇山体滑坡,2017 年 3 月万柏林区官地沟山体崩塌,2017 年 12 月万柏林区桃花沟山体滑坡。这些突发斜坡灾害常造成道路阻断、河道堵塞、林地损毁等破坏性后果,给区域性经济与生态可持续发展带来影响。

研究区 2012 年斜坡灾害空间分布如图 2-2 所示。

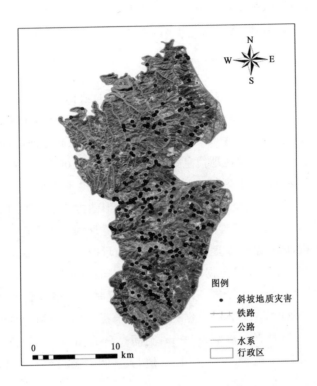

图 2-2 研究区 2012 年斜坡灾害空间分布图

2.2 基础数据预处理

2.2.1 遥感影像预处理

遥感影像是进行数字地貌分类、土地利用信息、植被覆盖信息提取的重要数据源，按照土地利用分类图、植被覆盖图尺度的不同可以选用不同分辨率的遥感影像数据。目前，可用于防灾减灾领域的遥感数据源很多，如：Landsat 系列、Rapideye、ALOS、SPOT 系列、IKONOS、QuickBird、GeoEye-1、Pleiades、WorldView 系列、北京一号、国产资源三号、高分一号、高分二号等。同时，航空影像、低空无人机影像也是防灾减灾领域重要的影像数据。

本书研究中采用的影像数据来自 Landsat ETM、高分二号（GF-2）等。以收集到的高分辨率数字正射影像图为基准影像,完成对 Landsat ETM、GF-2 影像数据的校正与裁剪,获得研究区多源、多尺度数字正射影像图。

2.2.2　DEM 制作

地形因子提取中,DEM 数据通常来自免费的数据源,如:GTOPO30,空间分辨率 1 000 m,垂直精度 30 m;SRTM,空间分辨率 90 m,垂直精度 16 m;ASTER GDEM,空间分辨率 30 m,垂直精度 20 m。除此之外,对分析精度要求较高的区域采用国家基础地理信息数据库中的 1∶50 000 或 1∶10 000 数字地形图内插生产 DEM,个别区域在数据可获取的前提下也可以采用 1∶5 000、1∶2 000 和 1∶1 000,甚至是 1∶500 的数字地形图内插生产 DEM。

DEM 数据用于斜坡灾害发育研究中相关地形因子提取时,一般对时相要求较高,经分析,国家基础地理信息数据数字地形图 1∶50 000、1∶10 000 时相不满足研究要求,同时,因数据保密较难获取。而 1∶5 000、1∶2 000 和 1∶1 000、1∶500 大比例尺地形图获取成本巨大,且时相也很难满足要求。经对比后选用 ASTER GDEM V2 版数据为地形因子提取的 DEM 数据,其全球空间分辨率约为 30 m,垂直分辨率为 20 m,空间参考为 WGS84/EGM96,数据来源于中国科学院计算机网络信息中心地理空间数据云平台(http://www.gscloud.cn)(武文娇 等,2017)。

同时,为了研究 DEM 数据提取地形因子的时空效应,以多尺度、高精度 DEM 表征时相不同的数字地形,综合考虑数据可获取性后选择以收集到的研究区中西部 1∶10 000、1∶5 000 纸质地形图和全野外数字化测绘 1∶2 000 地形图作为多时相数字地形基础数据,数据信息见表 2-1。

表 2-1　地形图数据信息表

地形图	DEM 格网尺寸/m	备　　注
1∶5 000	2.5	1975 年,航测,1954 年北京坐标系,1956 年黄海高程系
1∶10 000	5	1979 年,航测,1954 年北京坐标系,1956 年黄海高程系
1∶10 000	5	1999 年,航测,1980 西安坐标系,1985 国家高程基准
1∶10 000	5	2013 年,航测,1980 西安坐标系,1985 国家高程基准
1∶2 000	2	2016 年,全野外测绘,1980 西安坐标系,1985 国家高程基准

以上述扫描矢量化后的地形图数据和实测地形图数据生产 DEM 数据,先在 ArcGIS 平台通过等高线生成 TIN,再转换为栅格格式完成。参考表 2-2 及现有研究成果(谢元礼 等,2008),1∶2 000、1∶5 000 和 1∶10 000 地形图所生产 DEM 的格网尺寸分别定为 2 m、2.5 m 和 5 m。

表 2-2　数字地形图内插生产 DEM 精度及要求

比例尺	格网尺寸 /m	高程中误差/m		
		一级	二级	三级
1∶2 000	2	平地 0.40	平地 0.50	平地 0.75
		丘陵地 0.50	丘陵地 0.70	丘陵地 1.05
		山地 1.20	山地 1.50	山地 2.25
		高山地 1.50	高山地 2.00	高山地 3.00
1∶5 000	2.5	平地 0.5	平地 0.7	平地 1.0
		丘陵地 1.2	丘陵地 1.7	丘陵地 2.5
		山地 2.5	山地 2.3	山地 5.0
		高山地 4.0	高山地 6.0	高山地 8.0
1∶10 000	5	平地 0.5	平地 0.7	平地 1.0
		丘陵地 1.2	丘陵地 1.7	丘陵地 2.5
		山地 2.5	山地 2.3	山地 5.0
		高山地 5.0	高山地 6.7	高山地 10.0

2.2.3　纸质图件数字化

1∶200 000 地质图(榆次幅)为纸质版,提供了研究区地层岩组和地质构造信息。首先将图件进行扫描,获得数字栅格图,进而在 ArcGIS 平台下进行空间配准,然后矢量化、裁剪,得到数字化图件(图 2-3),供后续分析使用。

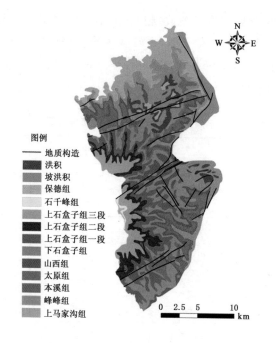

图 2-3　研究区 1∶200 000 数字化地质图

2.3　数据质量控制

基础数据主要指基础地理信息数据,即地形图、数字高程模型、数字正射影像图,同时包括数字化的地质图、采空区分布图、斜坡灾害分布图等。数字高程模型主要为 ASTER GDEM V2 版数据,研究过程中采用了部分地形图生成的高精度 DEM,用于表征时空数字地形,而数字正射影像图主要用于斜坡灾害和植被覆盖提取。如何保障这些多源、多尺度数据图层之间的可比性,首先需要解决基础数据的几何质量和测绘基准一致性问题。目前,对于基础地理信息数据几何质量的评价仍然和传统的评价方法一样,采用误差统计求解中误差的方法(王昱 等,2002;周启鸣 等,2006;杨晋强 等,2008;王明富 等,2011)。

2.3.1　几何质量控制

1. 数字正射影像几何质量评价

数字正射影像的几何质量评价一般只针对平面位置精度进行,通过统计影像上一定数量检查点的坐标值与高精度基准值之间的中误差来描述,高精度基准值的获取可以通过实地测量,也可以通过现有高精度基准影像、基准地形图获得(杨晋强 等,2008)。基准数据来自实测或参考数据,可看作真值,因此其中误差计算公式如下:

$$m_x = \pm \sqrt{\frac{\sum_{i=1}^{n} (x_i - x_{i0})^2}{n}} \qquad (2-1)$$

$$m_y = \pm \sqrt{\frac{\sum_{i=1}^{n} (y_i - y_{i0})^2}{n}} \qquad (2-2)$$

$$m_{xy} = \pm \sqrt{m_x^2 + m_y^2} \qquad (2-3)$$

式中 m_x——x 方向的精度,m;

   m_y——y 方向的精度,m;

   m_{xy}——平面位置精度,m;

   x_i,y_i——待评价数据上选取的检查点坐标,m;

   x_{i0},y_{i0}——检查点对应的基准坐标,m;

   n——检查点个数。

通过式(2-3)计算得待评价数据检查点中误差后,按《遥感影像平面图制作规范》(GB/T 15968—2008)进行待评价数据的几何质量评价。

2. 数字高程模型几何质量评价

数字高程模型的几何质量评价一般通过统计 DEM 上一定数量检查点的高程值与对应高精度基准值(可通过已有高精度 DEM 提供,也可以实际测量获得)之间的中误差来描述。基准数据来自实测或参考数据,可看作真值,因此其中误差计算公式如下:

$$m_h = \pm \sqrt{\frac{\sum_{i=1}^{n} (H_i - H_{i0})^2}{n}} \qquad (2-4)$$

式中 m_h——高程中误差,m;

   H_i——待评价 DEM 数据上选取的检查点高程,m;

   H_{i0}——检查点对应基准高程,m;

   n——检查点个数。

依据式(2-4),按表 2-2 的指标进行待评价 DEM 的几何质量评价。

3. 检查点布点方案

对数字正射影像与数字高程模型进行几何质量评价需要通过一定量的检查点进行,这些检查点的数量没有明确的要求,规范仅对 1∶50 000 DEM 进行精度评价时要求每幅设置 28 个检查点。

结合生产实践经验,综合考虑野外实测人员作业时的可达性及精度评定点位分布的均匀性,对基础地理信息数据几何质量检查点的个数及分布设计如图 2-4 所示(影像中布点位置仅为示意位置,设置检查点时在布点位置附近找明显的地物点)(Xue Y A et al.,2012)。

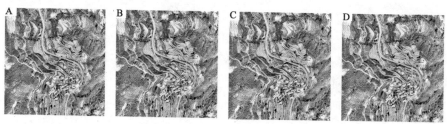

图 2-4　检查点分布设计图

(A:12 点;B:15 点;C:20 点;D:25 点)(Xue Y A et al.,2012)

研究区基础地理信息数据几何质量评价参考图 2-4 布点方式进行均匀布点评价。

2.3.2　基准一致性控制

遥感影像、地形图、地质图等基础数据存在时间跨度大、坐标系统不一致等基准问题,难以在空间上完成多期数据匹配。因此,首先要解决基础数据基准一致性匹配问题,即求定两个坐标系统的转换参数。

1. 坐标转换模型

(1)平面四参数转换模型

平面直角坐标转换模型:

$$\begin{bmatrix} x_2 \\ y_2 \end{bmatrix} = \begin{bmatrix} x_0 \\ y_0 \end{bmatrix} + (1+m) \begin{bmatrix} \cos \alpha & -\sin \alpha \\ \sin \alpha & \cos \alpha \end{bmatrix} \begin{bmatrix} x_1 \\ y_1 \end{bmatrix} \tag{2-5}$$

其中,(x_0, y_0) 为平移参数;α 为旋转参数;m 为尺度参数;(x_2, y_2) 为国家大地坐标系下的平面直角坐标;(x_1, y_1) 为原坐标系下平面直角坐标。

(2)布尔莎(Bursa)七参数法(适合于空间直角坐标系间转换)

两个椭球之间的坐标转换一般采用布尔莎七参数模型,七参数包括三个平移参数、三个旋转参数和一个尺度参数。

相应的坐标变换公式为:

$$\begin{bmatrix} X_2 \\ Y_2 \\ Z_2 \end{bmatrix} = (1+m) \begin{bmatrix} X_1 \\ Y_1 \\ Z_1 \end{bmatrix} + \begin{bmatrix} 0 & \varepsilon_Z & -\varepsilon_Y \\ -\varepsilon_Z & 0 & \varepsilon_X \\ \varepsilon_Y & -\varepsilon_X & 0 \end{bmatrix} \begin{bmatrix} X_1 \\ Y_1 \\ Z_1 \end{bmatrix} + \begin{bmatrix} \Delta X_0 \\ \Delta Y_0 \\ \Delta Z_0 \end{bmatrix} \tag{2-6}$$

式中,m 为尺度变化参数;ε_X,ε_Y,ε_Z 为三个旋转参数;ΔX_0,ΔY_0,ΔZ_0 为三个平移参数。

为了求得 7 个转换参数,至少需要 3 个公共点,当多于 3 个公共点时,可按最小二乘法求得 7 个参数的最或是值。

2. 转换参数计算

均匀选取一定数量的重合点,根据重合点和坐标转换模型分别完成不同坐标系之间坐标转换参数计算。

2.3.3　研究区数据质量评价

1. 基准一致性转换

目前,可用于平面坐标转换的软件较多,但精度不一,为了确保基础数据基准一致、转换精度相同,采用太原理工大学研发的 YQBDCORS 坐标转换系统(图 2-5)进行不同坐标系统转换参数的求解。该系统的功能如下:

(1) 基本功能:完成任意两个坐标系统之间的坐标系转换。以文本方式输出转换中误差、坐标系统转换改正数、原坐标系统坐标转换到新坐标系统的坐标等。

(2) 数据输入:原坐标系统重合点坐标,新坐标系统重合点坐标,原坐标系统转换点坐标,以点名作为唯一标识码任意顺序输入。

(3) 转换内容:坐标系统转换参数。

(4) 转换方法:最小二乘法坐标系统转换。

(5) 转换模型:① 四参数中心化转换;② 七参数中心化转换。

求得研究区坐标转换参数后在 ArcGIS 平台建立转换模型,完成数字正射影像、地形图、数字高程模型、斜坡灾害分布图、地质图、地下采矿扰动影响区分布图和其他相关数据的基准一致性转换。

2. 几何质量评价

几何质量主要包括平面质量和高程质量,平面质量主要保障遥感影像、地形图、地质图、采空区分布图的精度,高程质量主要保障 DEM 用于地形因子分析的精度。对研究区 2013 年 1∶10 000 地形图所生成的 DEM 数据进行高程质量评价,基准数据来自 2016 年实测研究区 1∶2 000 地形图上均匀分布的地形点高程值(部分野外测量点位见图 2-6)。2016 年 1∶2 000 地形图实测后采用区内均匀分布的 25 个地形点进行评定。

经计算 2013 年 5 m 分辨率 DEM 高程中误差为±1.7 m。2013 年 1∶10 000地形图距离验证点时间近,自然地貌变化可忽略不计,对照表 2-2 可以看出,其高程精度优于 5 m 分辨率 DEM 山地一级精度要求。

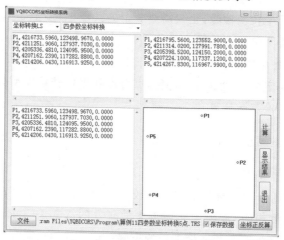

图 2-5　基准一致性转换参数求解软件主界面

图 2-6　野外测量

同上述方法对 2016 年 1∶2 000 实测地形图生成的 2 m 分辨率 DEM 进行高程质量评价,采用区内均匀分布的 25 个地形点进行,经计算高程中误差为±0.8 m,对照表 2-2 可知优于 2 m 分辨率 DEM 一级山地精度要求,1979 年和 1999 年 1∶10 000 地形图所生成的 5 m 分辨率 DEM 高程中误差均符合山地二级的高程中误差要求,1975 年 1∶5 000 地形图所生成的 2.5 m 分辨率 DEM 高程精度达到了山地二级精度,符合精度要求。

2.4　本章小结

　　基础数据质量是开展研究与分析的基础,本章针对基础数据进行预处理与质量控制,分别从几何质量与基准一致性两个方面展开质量评价与控制,既保证了基础数据的平面与高程精度可靠,也确保了各图层数据的基准一致,在空间上具备可比性,为研究提供了可靠的数据支撑。

第3章 多特征分水岭影像分割斜坡地质灾害提取方法

斜坡灾害提取是遥感技术在地质灾害领域的重要研究内容之一,对快速掌握区域斜坡灾害发育现状及潜在风险具有重要的意义。随着遥感影像信息提取技术的快速发展,传统的基于像素的分类技术(Mondini et al.,2011;许冲等,2013;张明媚 等,2016)逐渐转换为基于面向对象的分割(张明媚 等,2013;王宁 等,2018;李强 等,2019),并有部分研究基于支持向量机(魏星,2013;李松等,2015)、机器学习(黎新裕,2016)、深度学习(李尧,2018)展开。

目前,斜坡灾害遥感提取方法中比较成熟的仍以下面三种方法为主:

(1)基于几何边界的提取方法。这类方法主要基于边缘检测、变化检测技术(韩岭 等,2010;张帅娟,2017)进行,以斜坡灾害的边界提取为主要目标,但边缘检测斜坡灾害提取方法在实施中需要着重考虑遥感影像的质量,避免噪声、阴影等对边界提取的影响。而对实施变化检测的两期影像则需要关注时相、分辨率和环境一致性,同时需要注意两期影像的配准精度。这些要求对边缘检测和变化检测技术在斜坡灾害提取中的应用带来了众多限制。

(2)基于辅助特征与信息的提取方法。显然,特定的目标总是具有特定的特征,如斜坡灾害总是发育在一定的坡度之上,相较单一特征的偶然性,特征组合能更准确、可靠地刻画目标体,如斜坡灾害既与坡度有关,同时与岩性、构造、植被覆盖、人类活动扰动等具有密切的相关性,而这些即可构建斜坡灾害特征组合,辅助进行遥感信息提取。目前,基于 DEM 数据提取地形因子辅助遥感分类斜坡灾害提取研究获得了一定的认识(杨树文,2013;李军,2015;张明媚 等,2016),其中,张明媚等(2016)基于坡度与裸地信息辅助崩塌与滑坡灾害遥感提取,从地形因子与土地利用信息角度开展了两种特征的斜坡灾害提取实践,为开展多特征因子辅助斜坡灾害提取研究奠定了实践基础。同时,以坡度、裸地、面积、顺坡性为约束因子筛选影像分类结果达到自动化斜坡灾害提取的研究也已展开(杨树文,2013;雍万铃 等,2017),并将特征因子从数字地形、土地利用扩大到了几何特征与物理特征,是影像分类技术与面向对象分类技术的集成应用,也是多特征辅助信息提取技术在斜坡灾害提取领域的应用。

(3) 基于面向对象的影像分割与特征组合分类方法。该方法首先基于多尺度面向对象分割方法获取同质性区域,然后融合光谱、纹理、几何等影像特征和地形特征信息建立多维信息识别规则集合,辅助实现信息自动多层次识别提取。这是目前应用较为广泛的斜坡灾害提取方法(Inglada et al.,2009;Bouziani et al.,2010;Blaschke et al.,2014;王宁 等,2018;李强 等,2019),但是从特征组合来看则仍然停留在光谱、纹理、几何等影像特征,部分研究中引入了地形特征信息,忽略了致灾机理及孕灾环境等特征因子,为开展多特征辅助斜坡灾害提取研究提供了空间。

对比以上三种方法,显然第一种方法对影像质量、时相要求较高,斜坡灾害影像场景不同时提取效果可能会出现较大的差异。第二种方法考虑到了特征因子及组合辅助信息提取,但是特征组合的建立比较简单,同时影像信息提取主要基于分类技术,而影像分类技术则主要基于光谱特征区分像元类别,结果受同谱异物和同物异谱影响严重,对该方法的进一步发展产生了制约。第三种方法是较为成熟的方法,但是分类信息过度依赖影像多尺度分割结果,而斜坡灾害的多样性使得分割尺度难以唯一确定,自适应尺度分割仍是当前影像分割研究领域的难题之一。

通过对现有斜坡灾害提取方法的分析可以看出,斜坡灾害的同质化影像分类技术和斜坡灾害特征组合建立是斜坡灾害自动化提取的关键性因素。只要建立起适用于斜坡灾害边界提取的影像分割方法和斜坡灾害多特征表征因子集,即可实现斜坡灾害与影像中其他地类的区分,也就实现了斜坡灾害的自动化遥感提取。比较斜坡灾害的几何、物理、拓扑、纹理、地形、地质、地类等特征或特征组合,将专家知识、经验及地质灾害领域的知识、经验与规则融入信息提取过程,以特征信息区分遥感影像分类图斑属性归类,可实现斜坡灾害多特征智能化遥感提取。

3.1　分水岭影像分割算法

分水岭影像分割算法(高丽 等,2007;黎鑫,2007;肖鹏峰,2012;江怡,2013;张博 等,2014;Xue Y A et al.,2021)发展自地形学中的 DEM 分水线求取,它将影像看作一种地形表面，将影像中的每一个像素值看作高程，由此构建其影像伪地形面的地表形态。假设伪地形面的局部最低处有水涌出时，基于淹没分析可知水流会涌向较低处的盆地，随着水位上升逐渐淹没更高处的盆地。如果有两个盆地相邻，为了确保两个盆地涌水后互不影响，在其中间建立一个隔挡，即为分水岭。对整个影像表面进行淹没，则影像随之被分水岭分割为相邻的区域，实现基于边缘检测和区域生长的影像分割。

分水岭分割算法的水流自下而上淹没盆地原理如图 3-1 所示。显然，分水岭影像分割技术建立在像素的色差基础上，即对比度越明显，分割效果越好。斜坡灾害大多色彩异于周围环境，这为分水岭影像分割提供了应用的前提。

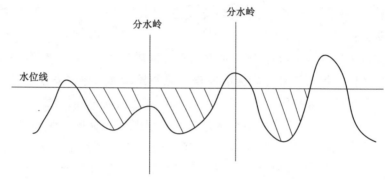

图 3-1　分水岭算法原理图

3.1.1　模拟浸没分水岭分割算法

分水岭分割算法是边缘检测和区域生长过程的混合方法（肖鹏峰，2012），《数字图像处理》（第二版）（Gonzalez et al.，2007）对分水岭分割算法进行了详细的表述。目前，分水岭算法实现的方法很多，研究者对算法的描述大同小异（Congalton et al.，1991），其中最常被使用的是由 Vincent 和 Soille 首先提出的模拟浸没算法（Vincent et al.，1991），该算法执行步骤如下（Xue Y A et al.，2021）：

（1）对待分割影像的像素值进行颜色转换，使其 RGB 值被转换为灰度值；

（2）计算得到各像素点在水平和垂直方向上的梯度，并统计各梯度的频率和累加概率，边缘像素的梯度计为 0，梯度的取值范围为：0～255（大于 255 的取 255 代替，小于 0 的取 0 代替）。梯度函数为：

$$G(f(x,y)) = \left[\frac{\partial f(x,y)}{\partial x} \quad \frac{\partial f(x,y)}{\partial y} \right]^{\mathrm{T}} \tag{3-1}$$

其中，$f(x,y)$为原始影像，$G(f(x,y))$为梯度运算。

（3）根据梯度值大小进行排序，确定其在排序数组中的位置，相同的梯度处于同一个梯度层级；

（4）处理第一个梯度层级所有的像素点，检查该点邻域是否已标记属于某区或分水岭，若是，则将该点加入一个先进先出的队列；

（5）根据先进先出队列开始扩展现有的盆地，对先进先出队列中的像素邻域进行扫描，如果其梯度相 等，即为同一个梯度层级，不是分水岭，使用邻域像素的标识刷新该像素的标识，循环完成队列中所有像素点的扩展；

（6）处理新发现的极小区域，即新的盆地，当经过前述步骤（5）的扩展后，如果还有点未被标识，则该点必为新盆地的一个起始点，对该点继续执行步骤（5）直至该队列中所有像素点完成扩展为止；

（7）处理完第一个梯度层级后，返回步骤（4）继续处理下一个梯度层级，循环至所有梯度层级均被处理完毕，得到梯度影像分水线，即影像分割的边界线；

（8）分割边界线将影像分成了大量的区域，这些区域即为影像分割结果，代表不同的地类信息。

3.1.2　分水岭影像分割阈值

影像中不可避免地存在噪声，导致分水岭分割结果出现过度分割的现象，而目前解决这一问题的主要办法是采用标记的方式或依据相似度准则进行区域合并。对过分割所产生的大量小区域或碎斑进行合并，其计算量极其巨大，对于算法优良的区域合并方法也不例外。

为了解决过分割引起的碎斑过多问题，可以设定一个局域同质性梯度阈值，凡是局域同质性梯度小于阈值的像元都将视为局部极小值。小于局部极小值的集水盆地与其相邻的集水盆地合并，形成更大的集水盆地，当所有小于阈值的集水盆地都被合并时，集水盆地的总数量就会减少，达到对大量区域或碎斑进行合并的目的。

同时，影像分割结果中出现的部分面积极小的集水盆地可能是受噪声等因素影响而形成的"虚假盆地"。为了避免这一现象，可以预先设定集水盆地的面积阈值，凡是面积小于该阈值的集水盆地被认为是虚假盆地，对其进行标记，并将其合并到相邻的最大集水盆地中去（周成虎 等，2009）。需要注意的是，集水盆地面积阈值一般不宜过大。

通过设定局域同质性梯度阈值和集水盆地面积阈值这两个阈值，分水岭分割影像结果中"虚假盆地"被大量消减,实际集水盆地数量明显减少,影像分割结果可以得到进一步改善。

3.2 斜坡地质灾害遥感提取多特征因子组合

3.2.1 斜坡地质灾害遥感提取多特征因子

斜坡灾害所依存的地学特征不同,其影像特征也不同,如光谱特征、形状特征、空间分布特征 等,表现为色调、形状、大小、纹理 等,为遥感信息提取提供了差异化的像元分布,从而实现斜坡灾害影像图斑分割提取。从斜坡灾害发育的地学因素考虑,斜坡灾害通常发育在一定的地形地貌因素、地质因素、人为动力因素和自然因素条件下(王晓莉,2016;张明媚 等,2017;张明媚 等,2019c),如在某一个坡度等级内发育了某个区域大部分的地质灾害,沿公路分布有大量的斜坡灾害,地质构造与地层岩组对斜坡灾害具有一定的控制作用等(张明媚 等,2016)。同时,斜坡灾害在空间上又具有一定的形状和面积大小,如斜坡体的长宽比通常大于1,面积则大于 1 像元×1 像元。通过面向对象遥感影像分割所获取的地类图斑难以区分其属性归类,综合考虑斜坡灾害影像光谱特征、地学特征、空间特征等建立起定量化规则集,分层次参与斜坡灾害图斑筛选,则可实现自动化、智能化斜坡灾害遥感提取。

斜坡灾害发生后,通常在影像上表现为基岩或土体裸露、坡体植被覆盖差,影像色调呈现灰白色,亮度高于周边地物,影像特征明显,因此现有研究中通常以裸地作为斜坡灾害遥感提取的重要特征之一(杨树文,2013;张明媚 等,2016;雍万铃 等,2016)。但是,斜坡灾害治理中坡体绿化是常用的技术手段之一,而灾害点所记录空间位置通常处于坡体的中心或重心位置,统计分析灾害点与土地利用之间的关系时灾害点往往并不完全位于裸地(张明媚 等,2017)。同时,斜坡灾害主要位于山区,地表裸露区域较多,尤其是北方植被覆盖差的黄土山地区域,这对以裸地为因子进行斜坡灾害图斑筛选带来较大不确定性。

近些年,斜坡灾害发育敏感性评价研究取得了较大的进展,以斜坡灾害发育敏感性评价的高敏感区代替裸地作为特征因子进行斜坡灾害图斑筛选具有理论可行性。

参考前期研究成果(张明媚 等,2016;张明媚 等,2017;张明媚 等,2019)及相关研究成果(杨树文,2013;丁辉 等,2013;王晓莉,2016;雍万铃 等,2016;苏巧梅,2017;张明媚 等,2019),综合分析后选择数字地形特征、敏感性特征和几何特征作为斜坡灾害遥感提取多特征组合首级特征因子。其中,数字地形特征包括坡形特征与坡高差特征两种二级特征因子;斜坡灾害敏感性特征包括地形地貌特征、地质特征、人为动力特征和自然特征四种二级特征因子;几何特征包括大小特征和形状特征两种二级特征因子。上述二级特征因子进而细化为三级特征因子(表 3-1)。

表 3-1　斜坡灾害遥感提取特征因子组合

首级特征因子	二级特征因子	三级特征因子
数字地形特征	坡形特征	坡度
	坡高差特征	地势起伏度
敏感性特征	地形地貌特征	高程
		坡度
		坡向
		地势起伏度
		地面曲率
	地质特征	地质构造
		地层岩组
	人为动力特征	道路工程扰动
		地下采矿扰动
	自然特征	河流水系
		植被覆盖(NDVI)
几何特征	大小特征	面积
	形状特征	长宽比

3.2.2　数字地形特征

地形地貌是斜坡灾害发育的重要影响因素,在相同的地质条件下,坡体高度、陡峭程度、边坡形态等直接影响着斜坡的稳定性。在地质灾害与地形地貌相关性的各种分析研究中(王晓莉,2016;张明媚 等,2017;张明媚 等,2019),高程、坡度、坡向等是主要参与分析的地形因子,而郭芳芳等(2008)则从坡度与地势起伏度开展了区域滑坡灾害的评价。综合这些研究及分析,选用坡度与地势起伏度作为坡形特征与坡高差特征的表征因子,即数字地形特征的三级特征因子。

（1）坡形特征

坡度是斜坡灾害坡面形态的重要表征因子，也是地形因子之一，对斜坡灾害的发育具有重要影响（郭芳芳 等，2008）。

（2）坡高差特征

地势起伏度是表征区域宏观地形特征的地形因子，用区域内最高点与最低点的高程差进行表达，影响着斜坡灾害依存的地形地貌形态条件，地势起伏度大，则区域的相对高差大，地形陡峭，易于引起斜坡灾害发生，反之则不易（Singh et al.，2018）。

3.2.3　敏感性特征

1. 地形地貌特征

数字地形分析中，通常采用坡度、坡向、地势起伏度、地面曲率等地形因子表征地貌特征，考虑到地质灾害统计分析中也采用高程指标（张明媚 等，2019），选用高程、坡度、坡向、地势起伏度和地面曲率作为地形地貌特征因子的三级特征因子。尽管在数字地形特征中已经选用了坡度与地势起伏度因子，但是，敏感性特征为一个综合特征因子，因子相关性分析后是否会保留这两个因子参与评价并不确定，且这两个因子是斜坡灾害发育的重要地形因子。因此，敏感性特征的地形地貌特征因子中继续保留坡度与地势起伏度这两个数字地形因子。

（1）高程

高程是斜坡灾害发育的影响因素之一（张明媚 等，2017；苏巧梅，2017），会对斜坡灾害空间分布产生重要的影响。高程是坡体应力值大小的重要影响因素，随着坡高的增加，应力值随之增加，从而影响斜坡体势能。

（2）坡度

坡度因其影响着剪应力，现已成为斜坡灾害敏感性评价研究中的重要条件之一，同时也是地质灾害敏感性评价的重要因子。随着坡体坡度增大，剪应力也随之变大，发生斜坡灾害的概率随之变大（Lee et al.，2001）。

（3）坡向

坡向对斜坡灾害的影响控制主要源于不同坡向的斜坡接受日照的程度差异，从而对坡面的水分蒸发、坡面侵蚀、岩石风化等物理过程造成影响，进而形成斜坡物理力学特征的空间差异分布，造成了地质灾害发育空间分布的不同（Yalcin，2008）。

（4）地势起伏度

斜坡灾害敏感性研究中很少使用该项地形因子,而多选用高程、坡向与地面曲率。但是,从斜坡灾害的发育特征来看,坡体陡峭程度、坡体相对高差是斜坡灾害发生的外在因素,地势起伏度正是表征区域单位面积内高差的统计量。因此,参考现有成果(郭芳芳 等,2008),选用地势起伏度作为斜坡灾害敏感性特征的三级特征因子之一。

（5）地面曲率

地面曲率是对地形表面一点扭曲变化程度定量化的度量因子,分为平面曲率和剖面曲率,主要表征地形表面的凸凹性(苏巧梅,2017),而凸凹程度是斜坡灾害是否发生的重要地形特征诱因,对孕育斜坡灾害具有重要影响。

2. 地质特征

断裂构造是斜坡灾害发育的重要控制性因素,而地层岩组是斜坡体的构成物质,不同的岩性抗风化、水蚀能力不同,导致坡体稳定性随岩性不同而差异较大。在人类工程活动扰动下,构造与地层岩组会加剧斜坡体向崩塌、滑坡灾害转化。因此,选择地质构造和地层岩组作为地质特征因子的三级特征因子。

（1）地质构造

本书所称地质构造特指断裂构造,断裂构造是评价地质区域稳定性的重要因素之一,是地质灾害重要的影响因素,对地质灾害发育具有控制作用(张明媚 等,2019),如龙门山大断裂引起的众多地质灾害群。

（2）地层岩组

地层岩性是斜坡灾害发生、发展的物质基础,岩土体的抗风化能力、强度、应力分布等参数依赖于岩石的类型和软硬程度,对边坡的稳定性起着重要的控制作用(Anbalagan,1992)。

3. 人为动力特征

人类工程活动众多,各类工程开挖、削坡卸载等引起斜坡体稳定性的减弱,引起崩塌与滑坡灾害,而地下采矿则扰动原生地质体,打破地质体应力平衡,引起地面塌陷,从而诱发斜坡失稳,形成崩塌与滑坡灾害。因此,选择道路工程扰动和地下采矿扰动作为人为动力特征因子的三级特征因子。

（1）道路工程扰动

道路工程施工建设中一般需对途经岩土体进行开挖,而开挖会改变地形地貌,常引起边坡失稳。道路工程扰动成为诱发斜坡灾害的重要人为动力特征因子。如研究区内杜儿坪街道办县道两侧发育于二叠系上统石千峰组和三叠系下统刘家沟组的崩塌与不稳定斜坡,晋源街道办县乡道两侧发育于第四系全新统的崩塌与不稳定斜坡,晋祠镇县乡道两侧发育于石炭系上统山西组的崩塌与不稳定斜坡。与道路的距离远近可以在一定程度上反映人类工程活动的强弱,进而表征道路工程扰动诱发斜坡灾害的强弱,这是目前常用的分析手段(张明媚 等,2019)。

(2)地下采矿扰动

研究区含煤地层分布广泛,地下采煤活动历史悠久,同时尖草坪区与万柏林区交界处的西山还有石膏矿开采。随着丰富的地下矿产资源被采出,原有地质体的应力平衡被打破,失去了稳定性与安全性,极易引起山体崩塌与滑坡。崩塌、滑坡是地下采矿扰动的地表表现形式之一(薛永安 等,2018),将地下采矿扰动作为重要因子引入斜坡灾害发育人为动力特征是对现有研究中(张明媚 等,2019)地下采煤区地质灾害发育特征的重要补充。

4. 自然特征

河流冲刷会降低斜坡坡脚的稳定性,同时,河流冲刷也是斜坡灾害的重要影响因素,而植被覆盖具有保持水土的作用,对坡体稳定性具有保障意义。因此,选择河流水系和植被覆盖(NDVI)作为自然特征因子的三级特征因子。

(1)河流水系

河流水系是一个地区地表径流大小的体现,在一定程度上反映了该地区的沟谷密度。研究表明,河流冲刷是斜坡灾害发育的重要因素(邱海军,2012)。根据已知的斜坡灾害到河流的距离关系可以推测河流距离因子对未来斜坡灾害发生可能的影响。

(2)植被覆盖(NDVI)

植被覆盖状况是区域地质灾害发育的重要影响因素,植被能对斜坡体的稳定性起到积极的作用,能提高土体抗剪强度,增强坡面稳定性(Greenway,1987)。滑坡、崩塌地质灾害多发生在无植被或低植被覆盖的区域,而在植被覆盖较好的区域不易发生地质灾害。NDVI是反映植被覆盖程度的常用指标,NDVI值越大,说明植被生长力越高,植被覆盖越好,反之,则越弱(肖胜 等,2003)。

3.2.4 几何特征

(1)大小特征

斜坡灾害在投影平面上具有明确的大小范围,但是,由于遥感影像分辨率不同,同样的斜坡体在不同分辨率影像上的大小有差异(杨树文,2013),导致高分辨率影像可以提取而中低分辨率影像不可以提取,所以应考虑影像分辨率对斜坡灾害表现的影响,明确适用于斜坡灾害遥感提取的大小阈值。面积是表征范围大小的直观测量值,选择图斑面积作为大小特征的表征因子。

(2) 形状特征

形状是遥感解译的重要特征之一,如地裂缝在影像上表现为线状,滑坡灾害则表现为簸箕形、马蹄形、扇形等。目前,针对斜坡灾害形状特征的表征主要采用长宽比进行(雍万铃 等,2017;黄汀 等,2018),用以排除方形、近圆形等图斑。对比分析后,选择长宽比作为形状特征的表征因子。

3.3 多特征分水岭影像分割斜坡地质灾害提取方法

以面向对象的影像分割与特征组合分类方法为理论基础,以分水岭算法为斜坡灾害影像图斑分割方法,以斜坡灾害发育数字地形特征、敏感性特征和几何特征组成特征因子组合,在前期研究的基础上(Xue Y A et al.,2012;张明媚 等,2013;张明媚 等,2016;张明媚 等,2017;张明媚 等,2019),提出一种多特征分水岭影像分割斜坡灾害提取方法(总体技术路线见图 3-2),以多种特征因子辅助分水岭影像分割结果进行分层次筛选,实现斜坡灾害自动化提取。

3.3.1 斜坡地质灾害图斑筛选

分水岭影像分割后开展多特征因子分层筛选疑似斜坡灾害图斑,技术路线如图 3-3 所示。

1. 地形因子提取与筛选

(1) 坡度筛选

斜坡灾害发育在 20°～70°区间的概率较大,因此可以预先设置 20°～70°为坡度筛选区间,剔除不属于这个区间的图斑。但是,坡度信息来自 DEM 地形因子提取,与实际的坡度测量值并不一致,应在区域斜坡灾害发育空间分布与地形特征统计的基础上设置阈值区间更合理。

(2) 地势起伏度筛选

同坡度信息一致,地势起伏度信息也来自 DEM 地形因子提取,而地势起伏度的提取结果不仅受 DEM 分辨率的影响,同时因提取窗口的大小不同而不同,因此在区域斜坡灾害发育空间分布与地形特征统计的基础上设置阈值区间更

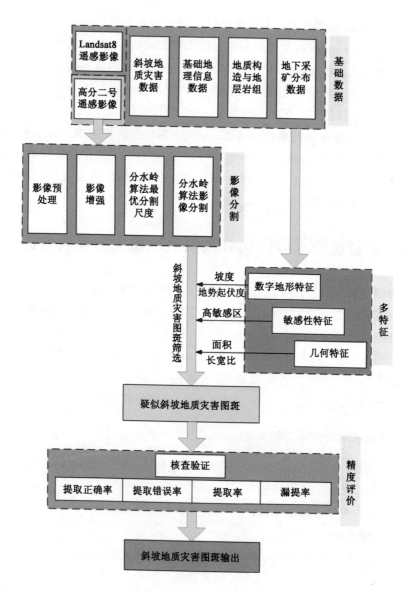

图 3-2　总体技术路线图

合理。通过分析确定区域地势起伏度,选用 DEM 数据中的最佳提取尺度,再以空间分析确定区域斜坡灾害发育较多的地势起伏度等级,将其设置为地势起伏度筛选阈值,剔除不属于这个阈值等级的图斑。

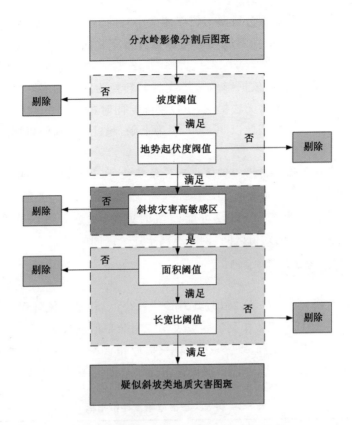

图 3-3　疑似斜坡灾害图斑筛选技术路线图

2. 敏感性评价分区与筛选

（1）斜坡灾害敏感性评价分区

以敏感性特征因子（地形地貌特征因子、地质特征因子、人为动力特征因子、自然特征因子）作为斜坡灾害敏感性评价因子序列,开展各评价因子相关性分析,保留无关因子序列,依据所选敏感性评价模型进行因子系数权重计算,得到斜坡灾害发生的概率和概率分布图,然后依据斜坡灾害发生的概率值大小分为 4 个区,最终形成斜坡灾害敏感性极低、低、中、高 4 个级别的分区图。

（2）敏感性筛选

斜坡灾害通常发育在高敏感区,以高敏感区为约束,剔除位于极低、低和中敏感区的图斑。

3. 几何特征计算与筛选

（1）面积筛选

斜坡灾害提取受影像分辨率与斜坡体大小共同影响,但并不是分辨率越高提取效果越好,影像可识别斜坡灾害与影像分辨率之间有一定的对应关系,参考现有研究成果(明冬萍 等,2008;仇大海 等,2010),以 4 像元×2 像元为斜坡灾害提取最小面积阈值,依据影像分辨率将其转换为对应的实际面积大小,则小于这个面积的斜坡灾害无法提取,予以剔除。同时,大于 50 000 m² 的斜坡灾害极少(杨树文,2013),因此以 50 000 m² 为上限,超过的图斑予以剔除。

(2) 长宽比筛选

斜坡灾害在影像上常沿斜坡体呈现长条状特征,其长轴与宽的比值一般大于 3.5(杨树文,2013),通常选择大于 2.0(雍万铃 等,2017)。考虑到圈椅状、马蹄状斜坡灾害的形状特征,以及可能残留的道路、水系等线状特征图斑,以 1.5～10 作为长宽比的阈值区间,剔除不属于这个区间的图斑。

3.3.2 验证与精度评价

综合现有研究(丁辉 等,2013;雍万铃 等,2017)和基于统计误差的评价准则(赵英时 等,2012),以收集到的斜坡灾害空间分布信息为基准数据,对提取到的斜坡灾害进行叠加分析,以提取正确率、提取错误率、提取率、漏提率为提取精度评价指标(表 3-2),综合评价斜坡灾害提取精度。

表 3-2　斜坡灾害提取精度评价指标

评价指标	表达式	公式含义
δ_t	$\delta_t = \dfrac{E_t}{S_e}$	δ_t 越大,提取效果越好,反之,则越差
δ_f	$\delta_f = \dfrac{E_f}{S_e}$	δ_f 越小,提取效果越好,反之,则越差
δ	$\delta = \dfrac{E_t}{S}$	δ 越大,提取效果越好,反之,则越差
δ_o	$\delta_o = \dfrac{S - E_t}{S}$	δ_o 越小,提取效果越好,反之,则越差

(1) 提取正确率(δ_t)

提取的斜坡灾害中正确的数量占提取的总斜坡灾害数量的百分比,表征斜坡灾害提取结果的正确程度,值越大,提取效果越好,反之,则越差。

计算公式如下:

$$\delta_t = \frac{E_t}{S_e} \tag{3-2}$$

其中,δ_t 为斜坡灾害提取正确率;E_t 为提取的斜坡灾害中正确的数量;S_e 为提取的总斜坡灾害数量。

（2）提取错误率（δ_f）

提取的斜坡灾害中错误的数量占提取的总斜坡灾害数量的百分比,表征斜坡灾害提取结果中错误结果的占比程度,值越大,提取结果中混杂错误数据越多,提取效果越差,反之,则越好。

计算公式如下:

$$\delta_f = \frac{E_f}{S_e} \tag{3-3}$$

其中,δ_f 为斜坡灾害提取错误率;E_f 为提取的斜坡灾害中错误的数量;S_e 为提取的总斜坡灾害数量。

（3）提取率（δ）

提取的斜坡灾害中正确的数量占总斜坡灾害数量的百分比,表征斜坡灾害提取正确结果与总斜坡灾害数量之间的逼近程度,值越大,灾害点被正确提取的程度越高,提取效果越好,值为 100％时表明实现了区域斜坡灾害的全部正确提取。反之,则提取效果差。

计算公式如下:

$$\delta = \frac{E_t}{S} \tag{3-4}$$

其中,δ 为斜坡灾害提取率;E_t 为提取的斜坡灾害中正确的数量;S 为总斜坡灾害数量。

（4）漏提率（δ_o）

未能提取的斜坡灾害数量占总斜坡灾害数量的百分比,表征斜坡灾害未能被识别提取的占比情况,值越大,提取结果中遗漏的灾害点数量越大,提取效果越差,值为 100％时表明提取算法失效。反之,则提取效果越好,值为 0 时表明实现了区域斜坡灾害的全部正确提取。

计算公式如下:

$$\delta_o = \frac{S - E_t}{S} \tag{3-5}$$

其中,δ_o 为斜坡灾害漏提率;E_t 为提取的斜坡灾害中正确的数量;S 为总斜坡灾害数量。

3.4 本章小结

　　本章对目前斜坡地质灾害遥感提取方法中比较成熟的三种方法进行了分析对比,指出了这三种方法的优缺点,明确了只要建立起适用于斜坡地质灾害边界提取的影像分割方法和斜坡地质灾害多特征表征因子集,即可实现斜坡地质灾害的自动化遥感提取思路。本书选择分水岭算法为影像分割方法,在考虑地形特征和几何特征的基础上,引进了斜坡灾害发育敏感性特征,为分水岭影像分割结果进行图斑分层次筛选提供具有孕灾环境因素的多特征因子组合。该方法与多特征面向对象分类方法在影像分割算法和特征组合两个关键技术环节均有不同,为实现斜坡地质灾害自动化遥感提取开展了方法体系探索,具有重要的理论与实际意义。

第 4 章 CIE 颜色空间区域合并分水岭算法

  遥感技术的发展为斜坡灾害提取提供了更加快速的手段,目前,虽然有众多基于影像分类和影像分割方法的斜坡灾害提取研究,但生产中通过遥感影像提取斜坡灾害信息仍然停留在基于 GIS 软件的人工目视解译。这不仅需要技术人员具有丰富的地学知识与解译经验,同时需要大量的人力和时间投入,且生产效率低下,所提取斜坡灾害信息具有较大主观性与不确定性。在高分辨率遥感影像分割技术快速发展的支持下,开展高分辨率遥感影像自动化斜坡灾害提取显得日益可行。众多影像分割技术中,分水岭分割算法建立在影像像素的色差基础上,即其对比度越明显,分割效果越好。而高分辨率遥感影像斜坡灾害区域为纹理与波谱一致性较高的区域,色调通常异于周围地块色调,这为分水岭影像分割技术提供了斜坡灾害自动化提取应用基础。

4.1 分水岭算法改进思路

  为了满足斜坡灾害遥感提取的需要,针对模拟浸没分水岭算法存在过分割的现象,应对分水岭算法进行改进。目前,分水岭算法按照其算法流程可以分为前处理改进、后处理改进和"前＋后"处理改进。具体的改进方法如图 4-1 所示(沈夏炯 等,2015)。

  通过对这些改进方法的分析,分水岭算法改进主要应从以下几个方面考虑。

  (1) 滤波去噪。随着影像分辨率的提高,影像细节越来越丰富,导致影像分水岭分割结果受噪声影响明显,过分割严重。针对由影像噪声所引起的过分割现象,可以对影像进行预处理,抑制噪声,达到减少过分割的目的。但是,这一改进在改善影像分割结果的同时,也抑制了部分有用的信息,因此,一般这类改进方法作为影像预处理方法,配合其他改进方法一起使用。

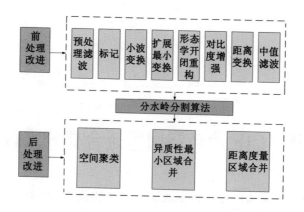

图 4-1   分水岭分割算法改进方法(沈夏炯 等,2015)

（2）限制局部极小值点。局部极小值对应影像的分割区域,通过改变极小值的判定阈值,可以调整影像分割的区域数目,达到对影像分割结果的改善。这种改进方法只要选择合适的极小值判定阈值,就既能降低分割区域数目,也能保证不丢失细节信息。

（3）区域合并。分水岭影像分割结果过分割严重,这是算法针对像素所造成的,如果对分割后的结果进行后处理,以一定的阈值判定相邻区域进行合并,达到改善分割结果和减少分割区域数目的目的。这种改进方法主要是相邻区域相似性测度的判定,如何建立合适的相似性测度,提高判定效率和合并效果,是该改进思路的重要依托点。

4.2   颜色空间

鉴于不同的研究与应用目的,人们开发了大量的颜色空间,其中 RGB 颜色空间是最基本的一种颜色空间,其他的颜色空间大多由 RGB 颜色空间导出(林福宗,2003)。面对众多的颜色空间,从不同的分类原则和方法可以将颜色空间分类。从技术角度来划分,颜色空间可以划分为 RGB 型颜色空间/计算机图形颜色空间、XYZ 型颜色空间/CIE 颜色空间、YUV 型颜色空间/电视系统颜色空间。对这些颜色空间进行分类,如表 4-1 所示(林福宗,2009)。

为了充分利用不同颜色空间对图像的表达,发挥不同颜色空间对图像理解的优势,通常会进行不同颜色空间之间的变换,这是一个复杂的问题,因为这将涉及人的视觉感知、光和物体的特性。尽管大量的颜色空间来自 RGB 颜色空间的导出,但在人类对视觉感知特性并没完全掌握清楚之前,这些转换从计算模型上带有一定的不确定性。但为了解决各种涉及颜色空间的科学与应用问题,不得不在现有的认识下进行不同颜色空间的转换。

表 4-1　颜色空间分类表

类型	RGB 型	XYZ 型	YUV 型
混合型	RGB	XYZ	—
非线性亮度/色度型	—	Lab、Luv	YUV、YIQ
强度/饱和度/色调型	HSI、HSL、HSV	LCH/CHL	—

颜色空间变换主要分两种情况,具体如下:

(1) 两种颜色空间之间可以直接变换。如:RGB 与 HSL、XYZ 与 Lab 等。

(2) 两种颜色空间之间不可以直接变换。如:RGB 与 Lab、XYZ 与 HSL 等。

在上述颜色空间中,CIE 颜色空间是为了解决 RGB 颜色空间在不同设备的通用性而被提出的,历经改进,1976 年 CIE 为了解决颜色空间感知一致性问题而规定了两种颜色空间:① CIE 1976 Lab(CIE LAB)颜色空间;② CIE 1976 Luv(CIE LUV)颜色空间。这两种颜色空间最大的优点是颜色感知更均匀,同时,可以通过一个数字差值表征两种颜色之间的差异,这为客观评价两种颜色的相近程度提供了一个定量指标。

4.2.1　CIE LAB 颜色空间及变换

CIE 1976 Lab(本书简称为 Lab)是直接从 CIE XYZ 导出的颜色空间,企图对色差的感知进行线性化,而颜色信息以白光点作为参考,用下标"n"表示(林福宗,2009)。其中,L 值代表像素的光亮度,取值范围为 0(黑色)～100(白色)。a 和 b 值代表色度坐标,其中,a 代表红-绿轴,取值范围为 127(红)～−128(绿)。b 代表黄-蓝轴,取值范围为 127(黄)～−128(蓝)。CIE 1976 提供了 RGB 与 XYZ 及 XYZ 与 Lab 之间的转换,转换公式如下:

(1) 对影像各个通道的颜色值分别记为 R、G、B;

(2) 假定其为标准的 RGB 颜色空间坐标,通过颜色空间转换可以获得相对均匀的色度坐标 L、a、b,转换关系如下(林福宗,2009):

$$\begin{bmatrix} X \\ Y \\ Z \end{bmatrix} = \begin{bmatrix} 0.430 & 0.342 & 0.178 \\ 0.222 & 0.707 & 0.071 \\ 0.020 & 0.130 & 0.939 \end{bmatrix} \begin{bmatrix} R \\ G \\ B \end{bmatrix} \tag{4-1}$$

$$L = \begin{cases} 166 \times (Y/Y_n)^{1/3} - 16 & (Y/Y_n) > 0.008\,856 \\ 903.3 \times (Y/Y_n) & (Y/Y_n) \leqslant 0.008\,856 \end{cases} \tag{4-2}$$

$$a = 500 \times (f(X/X_n) - f(Y/Y_n)) \tag{4-3}$$

$$b = 200 \times (f(Y/Y_n) - f(Z/Z_n)) \tag{4-4}$$

其中,X_n、Y_n、Z_n 为标准光源 D65 的三刺激值,其值见表 4-2,而式(4-3)、式(4-4)中的 $f(t)$ 函数为:

$$f(t) = \begin{cases} t^{1/3}, & t > 0.008\,856 \\ 7.787t + 16/116, & t \leqslant 0.008\,856 \end{cases} \tag{4-5}$$

在 Lab 颜色空间中,色差用 ΔE 表示,即

$$\Delta E = (\Delta L^2 + \Delta a^2 + \Delta b^2)^{1/2} \tag{4-6}$$

式中,ΔL 表示亮度差;Δa 表示红-绿色差;Δb 表示黄-蓝色差。

表 4-2　标准光源三刺激值

光源	三刺激值(CIE 1931)			三刺激值(CIE 1964)		
	X_n	Y_n	Z_n	X_n	Y_n	Z_n
D50	94.42	100.00	82.51	96.72	100.00	81.43
D55	95.66	100.00	92.09	95.79	100.00	90.89
D65	95.04	100.00	108.88	94.81	100.00	107.32
D75	94.97	100.00	122.61	94.42	100.00	120.64

4.2.2　CIE LUV 颜色空间及变换

CIE 1976 Luv(本书简称为 Luv)是直接从 CIE XYZ 空间导出的颜色空间,并且是对色差感知进行线性化的另一种努力(林福宗,2009)。其中,L 值代表像素的光亮度,与 Lab 颜色空间中的 L 一致,取值范围为 $0 \sim 100$。u 和 v 值代表色度坐标,取值范围为 $-100 \sim 100$(陈丽芳 等,2013)。CIE 1976 提供了 RGB 与 XYZ 及 XYZ 与 Luv 之间的转换,转换公式如下:

(1) 对影像各个通道的颜色值分别记为 R、G、B;

(2) 假定其为标准的 RGB 颜色空间坐标,通过颜色空间转换可以获得相对

均匀的色度坐标 L、u、v,转换关系如下(林福宗,2003):

$$\begin{bmatrix} X \\ Y \\ Z \end{bmatrix} = \begin{bmatrix} 0.430 & 0.342 & 0.178 \\ 0.222 & 0.707 & 0.071 \\ 0.020 & 0.130 & 0.939 \end{bmatrix} \begin{bmatrix} R \\ G \\ B \end{bmatrix} \tag{4-7}$$

$$L = \begin{cases} 166 \times (Y/Y_n)^{1/3} - 16 & (Y/Y_n) > 0.008\,856 \\ 903.3 \times (Y/Y_n) & (Y/Y_n) \leqslant 0.008\,856 \end{cases} \tag{4-8}$$

$$u = 13L(u' - u_n') \tag{4-9}$$

$$v = 13L(v' - v_n') \tag{4-10}$$

其中,u_n' 与 v_n' 是 CIE 标准光源的坐标,是三刺激值。

$$u' = 4X/(X + 15Y + 3Z) \tag{4-11}$$

$$v' = 9Y/(X + 15Y + 3Z) \tag{4-12}$$

$$u_n' = 4X_n/(X_n + 15Y_n + 3Z_n) \tag{4-13}$$

$$v_n' = 9Y_n/(X_n + 15Y_n + 3Z_n) \tag{4-14}$$

在 2°观察者和 C 光源的情况下,$u_n' = 0.200\,9$,$v_n' = 0.461\,0$。

在 Luv 颜色空间中,任意两种颜色之间的差别叫作色差。色差是颜色位置之间的距离,用 ΔE 表示。两种颜色之间的色差计算公式如下:

$$\Delta E = (\Delta L^2 + \Delta u^2 + \Delta v^2)^{1/2} \tag{4-15}$$

式中,ΔL 表示亮度差;Δu、Δv 表示两种颜色在 u、v 方向的差。

4.3　后处理改进 CIE 颜色空间区域合并分水岭分割算法

4.3.1　区域合并与相似性测度

在分水岭分割过程中设置局域同质性梯度阈值和集水盆地面积阈值来改善影像分割结果,集水盆地减少,碎斑减少,分割单元的数量明显减少。但是,影像分割结果中依然存在过分割现象,因此必须对影像分割单元进行合并。

区域合并方法中非常重要的前提是区域相似性测度,选择不同的相似性测度,则对应不同的区域合并顺序、次数和结果。

(1)基于同质性最大化准则下的区域合并

这是 Hansen 等提出的一种影像合并方法(Hansen et al.,2002),原理如下:

① 在原始影像(非梯度影像)中计算各个集水盆地的平均灰度;

② 搜索得到关于每一个集水盆地 B_i 的相邻集水盆地的平均灰度；

③ 对于集合中的每一个集水盆地 B_j，假设 $\mu(B_i)$ 和 $\mu(B_j)$ 分别为集水盆地 B_i 和 B_j 的灰度均值，T 为相似度阈值，如果满足

$$|\mu(B_i) - \mu(B_j)| < T \qquad (4\text{-}16)$$

则 B_i 和 B_j 为相似集水盆地。所有这些与 B_i 相邻并且满足上述的 B_j 构成 $N(B_i)$。

④ 合并 B_i 和 $N(B_i)$ 中的每一个集水盆地；

⑤ 当合并后的新区域足够大时，停止合并；否则，计算新区域的灰度值，进行进一步的合并，直到新区域足够大为止。

（2）基于光强阈值法的区域合并

这是一种针对彩色影像的合并方法，通过相邻区域在 HIS 色彩空间的平均光强、平均色调和其他经验值等指标来计算两个区域合并的光强阈值（Yen et al.，1995）：

$$I_{th} = \begin{cases} \min[I_{max},(I_0 + C \times \dfrac{1}{\Delta h})] & (0.006 \leqslant \Delta h \leqslant 0.008) \\ I_{max} & (\Delta h < 0.006) \end{cases} \qquad (4\text{-}17)$$

式中，Δh 为两个邻接区域的平均色调差；I_{max}、I_0 和 C 为预设的参数，分别取 20、7 和 0.28。当邻接区域之间的平均光强小于或等于阈值 I_{th} 时，上述两个邻接区域合并。

4.3.2 CIE 颜色空间的区域合并相似性测度

影像数据中最重要的信息为光谱信息，采用颜色标准约束分割是影像分割中保证结果质量的最有效方法。颜色空间的选择对影像分割效果具有重要影响，RGB 是面向设备的颜色空间，其分量间高度线性相关，同时欧几里得距离（欧氏距离）与颜色距离的非线性关系带来图像的分割结果的鲁棒性不佳与处理速度慢等缺陷，使其不适用于直接分割彩色图像。而 CIE 颜色空间是与设备无关的最均匀的颜色空间，同时欧氏距离表示色差既能满足人眼对图像的敏感性，又能较精确地测量颜色之间微小的差距，因此在彩色图像分割中可以使用欧氏距离来表征人类对颜色的差别感知。

近几年，选择 Lab 颜色空间进行图像分割的研究不少，大部分配合聚类算法进行影像分割（吴迪 等，2017；王礼 等，2018）。而 Yongan Xue 等为了评价遥感影像色彩质量采用改进 RGB 颜色空间为 Lab 颜色空间的方式进行了影像亮

度均衡性评价,主要思想为:将待评价影像划分为 $m \times n$ 个小区域,分别计算各个小区域影像的灰度值或 L 值的均值,以此均值作为该区域块的亮度值,重新采样组成新的影像。然后根据区域块拟合二次曲面,求取均方差 σ^2(值域(0, 255)),即为影像亮度均衡性指标(Xue Y A et al.,2012;高炜 等,2014)。显然,这一思想与区域合并具有一定的关联性,亮度均衡性旨在寻找影像块之间的亮度差异,进而判断影像整体亮度的偏差,而区域合并旨在寻找分割区域之间的差异,进而依据相似性测度判断是否进行合并。结合这些研究认识,区别于传统区域合并,分水岭分割算法通常使用 RGB、HSI 颜色空间,选择 Lab、Luv 颜色空间作为分水岭分割后区域合并算法的区域相似性测度计算依据,改进基于同质性最大化准则下的区域合并算法(Hansen et al.,2002),分水岭分割流程采用模拟浸没分水岭算法进行。

分水岭算法中的尺度参数包括最小集水盆地判定阈值和最小合并阈值,其中,最小集水盆地判定阈值指的是分水岭算法的分割尺度参数。

(1) 分割尺度参数

分水岭算法分割尺度参数其实质是极小区域的判定阈值,令 A_{min} 为极小区域判定阈值,M 为影像的行值,N 为影像的列值,C 为一给定的常数值。以像素数量作为极小区域判定阈值,则:

$$A_{min} = (M \times N)/C \tag{4-18}$$

显然 A_{min} 针对不同大小的影像具有不同的数值,不是一个固定的量,一般可以通过试错法进行重复性实验确定最优分割尺度参数 A_{min},但其实质是确定常数值 C。需要注意的是,在满足必要精细条件下,尽可能采用最大可能分割尺度,避免分割对象太破碎。

(2) 合并尺度参数

色差是颜色在 Lab 和 Luv 两种颜色空间中位置之间的欧氏距离值,给定一个色差的阈值可以判定两个位置之间颜色的相似度,综合同质性最大化准则与光强阈值两种相似性测度,采用色差作为确定分割单元中相似区域的相似性测度值,如果色差在阈值范围内则合并相似区域,反之则不予合并,达到对分割后影像进行过分割结果的合并处理。

Lab 与 Luv 是与设备无关的最均匀的颜色空间,采用 Lab 颜色空间(Luv 颜色空间相同)进行区域合并中的色差计算公式为:

$$d_i = \sqrt{(L_i - L_0)^2 + (a_i - a_0)^2 + (b_i - b_0)^2} \quad i = 1,2,3,\cdots,n \tag{4-19}$$

式中,d_i 为色差;L_0、a_0、b_0 为当前区域的 L、a、b 均值;L_i、a_i、b_i 为当前区域邻域

的 L、a、b 均值；n 为邻域的个数。

为了消除合并中区域大小不同所带来的影响，设 R_i、R_j 为影像 G 分水岭分割后的两个影像区域，L、a、b(L、u、v)颜色空间相邻区域色差计算公式如下：

$$d_i = \frac{|R_i| \cdot |R_j|}{|R_i| + |R_j|} \sqrt{\sum_{c=L,a,b} (F_c(R_i) - F_c(R_j))^2} \quad i = 1,2,3,\cdots,n$$

(4-20)

其中，$|R_i|$、$|R_j|$ 分别表示 R_i、R_j 影像区域中包含的像素个数；$F_c(R_i)$、$F_c(R_j)$ 分别表示 R_i、R_j 影像区域颜色均值；n 为相邻区域的个数。

采用色差判定当前极小区域与所有相邻区域的相似性测度。当 $d_i \leqslant 1$ 时，两个区域的色彩不能分辨其差别，即 d_i 越小，两个区域的颜色越相似(魏冬梅，2013)。区域合并中需要判定相邻区域之间的颜色是否相近，因此需要通过理论分析或经验验证确定 d_i 的阈值大小，令色差阈值为 D，以 D 约束完成分割结果的区域合并，直到没有相似区域合并为止。

基于 Lab(Luv)颜色空间同质性最大化准则区域合并算法如下：

(1) 将影像经分水岭分割后各个区域像素的 RGB 值转换为 Lab 值(Luv 值)，并求取各个区域所有像素的 Lab(Luv)平均值作为该区的 Lab(Luv)值，实现影像分割结果由 RGB 颜色空间转换到 Lab(Luv)颜色空间表达，用于区域合并相似性测度值计算用；

(2) 建立以 Lab(Luv)均值作为区域颜色的各个区域的四个邻域数组；

(3) 按预定的 C 值和影像大小计算极小区域判定阈值 $A_{\min}$，依次扫描所有区域，基于 $A_{\min}$ 寻找其中的极小区域作为合并的初始区域，即一个区域的像素总数小于"影像像素总数/C"时可作为极小区域进行标定，否则不是；

(4) 对确定的每个极小区域，遍历所有相邻区域，得到相邻区域的 Lab(Luv)均值，计算极小区域与所有相邻区域的色差值 d_i，基于色差值阈值 D 判断法寻找其最接近的相似区域，$d_i \leqslant \sqrt{D}$ 的区域合并，$d_i > \sqrt{D}$ 的区域则不合并，色差计算公式见式(4-20)；

(5) 将极小区域与其接近的相似区域进行合并后，刷新该区域的所有相邻区域的信息，形成新的区域，新区域的 Lab(Luv)值为合并前两个区域 Lab(Luv)值的均值；

(6) 对合并后的新区域进行判断，如果仍然是极小区则返回步骤(4)，如果不是极小区则进行下一步；

(7) 对所有的区域进行判断，如果已经完成所有区域的合并则结束，否则返

回步骤(3);

(8) 为了更好地显示效果,将所有合并完成后区域的 Lab(Luv)值转换为 RGB 值,实现影像最终分割结果区域以 RGB 值显示。

4.3.3　CIE 颜色空间区域合并分水岭分割算法

综合 4.2 节与 4.3 节所述算法,采用基于 Lab(Luv)颜色空间的同质性最大化准则区域合并算法改善影像分割结果,得到基于区域合并的分水岭影像分割结果,建立基于 Lab(Luv)颜色空间的区域合并分水岭分割算法,具体流程如图 4-2 所示。

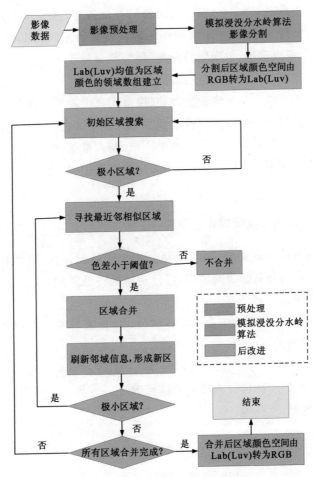

图 4-2　基于 CIE 颜色空间的区域合并分水岭算法流程图

4.4　分水岭算法影像分割精度评价准则

4.4.1　影像分割精度准则

尽管影像分割结果的评价经常以人的目视主观性做出判断,但是定量评价显然更具客观性,也更能区分不同分割算法之间的差异。定量评价不同影像分割算法的优劣是影像分割研究的一个重要问题,也是公认的比较困难的问题(肖鹏峰,2012)。

不同的评价准则对同一分割算法结果的评价各异,甚至差异很大(章毓晋,1996)。章毓晋(1996)在分析了直接评价和间接评价准则的基础上,选择区域间对比度、像素距离误差、像素数量误差、最终测量精度和区域内均匀性五种精度准则进行了实验对比,结果表明:最终测量精度最好,区域间对比度最差。其他三种准则的排序依次是像素数量误差、像素距离误差和区域内均匀性准则。

每种影像分割算法的质量评价准则都为一定目的而提出,各种不同的评价准则通常只能反映分割算法性能的一个方面,精度准则之间具有互补性。而每种分割算法优劣又由多个因素决定,实际应用中采用多个精度准则综合评价更具客观性和可靠性。

4.4.2　基于最终测量精度的评价准则

分割结果具有一定的特征量,其精度取决于分割精度,因此对特征量的精度评价反映了影像分割结果的精度,将分割结果特征量的精度称为最终测量精度(UMA)(章毓晋,1996)。

令 R_f 代表基准数据中的参考特征量值,S_f 代表分割影像结果中的实际特征量值,则它们的绝对差为:

$$AUMA = \mid R_f - S_f \mid \tag{4-21}$$

其中,AUMA 为评价影像分割结果的精度因子。显然,AUMA 越小,分割精度越高,反之则越差。

4.4.3　基于像元数量误差的评价准则

影像分割的结果是把原始影像分割成了若干个小区域,对于这些小区域来说,因分割错误而产生的错分像元数量直观地代表了影像分割结果质量。基于这种思想,面积错分率、分类误差、正确分割百分数、像素分类误差、误差概率等大量精度指标被提出和应用。

其中,像素分类误差准则在影像分割精度评价中应用较多(陈秋晓 等,2006;肖鹏峰,2012),肖鹏峰(2012)给出了这种方法的具体评价过程:首先对原图像进行目视判读,获得"正确分割"的参考图;其次将参考图栅格化;最后将参考图与分割结果叠置,逐个区域进行比较,得到正确分割的像元和错误分割的像元数。在得到错分像元后,就可以计算分割结果的错分率(MR):

$$MR = 错分像元数 / 总像元数 \times 100\% \tag{4-22}$$

显然错分率是对影像分割精度的整体评价,错分率越低,影像分割精度越高,反之则越低。

4.4.4　基于统计误差的评价准则

基于样本的统计方式开展精度评价是影像分类精度评价的主要方法,通过误差矩阵来计算各种统计量进行分类精度评价(赵英时 等,2012)。

(1) 误差矩阵

误差矩阵(表 4-3)是 n 行 n 列的矩阵,其中 n 代表类别的数量。

表 4-3　误差矩阵表

实测数据类型	分类数据类型					实测总和
	1	2	...	...	n	
1	P_{11}	P_{21}	...	...	P_{n1}	P_{+1}
2	P_{12}	P_{22}	...	...	P_{n2}	P_{+2}
⋮	⋮	⋮	⋮	⋮	⋮	⋮
n	P_{1n}	P_{2n}	...	...	P_{nn}	P_{+n}
分类总和	P_{1+}	P_{2+}			P_{n+}	P

其中:P_{ij} 是分类数据类型中第 i 类和实测数据类型第 j 类所占的组成成分;$P_{i+} = \sum_{j=1}^{n} P_{ij}$,为分类所得到的第 i 类的总和;$P_{+j} = \sum_{i=1}^{n} P_{ij}$ 为实际观测的第 j 类的总和;P 为样本总数。

(2) 基本的精度指标

① 总体分类精度

$$P_c = \sum_{k=1}^{n} P_{kk}/P \tag{4-23}$$

其中,P_c 代表总体分类精度,其具有统计上的概率意义,用来表征分类结果与参考值相一致的概率。

② 用户精度(对于第 i 类)

$$P_{u_i} = P_{ii}/P_{i+} \tag{4-24}$$

其中,P_{u_i} 代表用户精度,用来表征分类结果中任一个随机样本与参考值相一致的条件概率。

③ 制图精度(对于第 j 类)

$$P_{A_j} = P_{jj}/P_{+j} \tag{4-25}$$

其中,P_{A_j} 代表制图精度,用来表征相对于参考值中的任一个随机样本,分类结果中对应值与之相一致的条件概率。

与上述统计量相关联的度量为漏分误差(OM)与错分误差(CM)。OM 表征实际的某一类地物有多少被错误地分到其他类别,与制图精度互补,其值为:$1-P_{A_j}$;而 CM 表征被划为某一类地物实际上有多少应该是别的类别,与用户精度互补,其值为 $1-P_{u_i}$。

对比像素分类误差准则中的错分率(MR)与错分误差(CM),显然 MR 从分类结果整体进行评价,而 CM 则分类别进行评价。所以,MR 可以作为一个单独的精度评价准则开展影像分割结果评价,而 CM 则依赖于上述相关统计量做综合评价。

(3) Kappa 系数

Kappa 系数克服了总体精度、用户和制图精度受采样样本和方法的制约,主要应用于精确性评价和图像的一致性判断。Kappa 分析产生的评价指标被称为 K_{hat} 统计,是用来评价两幅图之间吻合度或精度的指标,计算公式为(Congalton R G,1991):

$$K_{hat} = \frac{N\sum_{i=1}^{r} x_{ii} - \sum_{i=1}^{r}(x_{i+}x_{+i})}{N^2 - \sum_{i=1}^{r}(x_{i+}x_{+i})} \tag{4-26}$$

式中:r 是误差矩阵中总列数(即总的类别数);x_{ii} 是误差矩阵中第 i 行、第 i 列上像元数量(即正确分类的数目);x_{i+} 和 x_{+i} 分别是第 i 行和第 i 列的总像元数量;N 是总的用于精度评价的像元数量。

Kappa 值的范围一般在 $-1\sim1$ 之间。当 $K_{hat}\geqslant0.75$ 时,分类结果与参考值之间的一致性较好;当 $0.4\leqslant K_{hat}<0.75$ 时,分类结果与参考值之间的一致性

一般；当 $K_{hat} < 0.4$ 时，分类结果与参考值之间的一致性差。

4.4.5　分水岭算法影像分割精度评价准则

以组合精度评价准则的方式建立分水岭算法影像分割精度评价准则体系（表 4-4），包括面积相对误差准则、像元数量误差准则、基于统计误差的准则和分割一致性准则，具体如下。

（1）面积相对误差准则（精度因子：δ_A）

以目标分割结果与参考面积求差的绝对值表征影像分割精度在误差理论中并不合理，因为误差值相对于参考面积大小未知。影像分割目标体的面积在分割算法达到最优时理论上与参考面积应大小一致，然而，无论多么优秀的分割算法，分割面积必然与参考面积大小不同，误差值也必然存在，这与地图投影中正形投影前后评价面积是否发生变化显然是非常相似的问题。因此，以分割面积与参考面积求比更能表征影像分割效果的好坏。单纯的求比方式用来判断两种量之间的相似程度是有效的，而从精度角度来看，更应该以测量误差理论中的相对误差来进行评价。

表 4-4　分水岭算法影像分割精度评价准则体系

精度准则		精度因子	表达式	公式含义
面积相对误差准则		δ_A	$\delta_A = \dfrac{|A_s - A_0|}{A_0} \times 100\%$	δ_A 越小，分割精度越高，反之则越低
像元数量误差准则		δ_P	$\delta_P = \dfrac{P_w}{P_t + P_w} \times 100\%$	δ_P 越小，影像分割精度越高，反之则越低
基于统计误差的准则	总体精度	P_C	$P_C = \sum_{k=1}^{n} P_{kk}/P$	P_C 越大，分类结果与参考值相一致的概率越大，反之越小
	用户精度	P_{u_i}	$P_{u_i} = P_{ii}/P_{i+}$	P_{u_i} 越大，分类结果中任一个随机样本与参考值一致的条件概率越大，反之越小
	制图精度	P_{A_j}	$P_{A_j} = P_{jj}/P_{+j}$	P_{A_j} 越大，相对于参考值中的任一个随机样本，分类结果中对应值与之相一致的条件概率越大，反之越小

表(4-4)续

精度准则	精度因子	表达式	公式含义
基于统计误差的准则	漏分误差 OM	$OM=1-P_{A_j}$	OM越大,参考值中某一类地物被错误分到其他类别的越多,反之越少
	错分误差 CM	$CM=1-P_{u_i}$	CM越大,分割结果中被划为某一类地物实际上应该是其他类别的概率越大,反之越小
分割一致性准则	K_{hat}	$K_{\text{hat}} = \dfrac{N\sum_{i=1}^{r}x_{ii} - \sum_{i=1}^{r}(x_{i+}x_{+i})}{N^2 - \sum_{i=1}^{r}(x_{i+}x_{+i})}$	K_{hat}越大,分割结果与参考值之间的一致性越高,反之越低

通过定义公式(4-21)可以看出,AUMA是绝对误差,表征分割结果的面积偏离了参考值的绝对大小,以 AUMA 与参考值求百分比,则可以表征绝对误差相对于真值的百分比,更能反映分割精度的可信与可靠程度。因此,选用面积相对误差作为影像分割精度评价的准则之一。

令 A_0 代表基准数据中的目标体面积值,A_s 代表分割影像结果中的目标体面积值,则它们的相对误差 δ_A 为:

$$\delta_A = \frac{|A_s - A_0|}{A_0} \times 100\% \tag{4-27}$$

其中,δ_A 为评价影像分割结果的面积精度因子。显然,δ_A 越小,分割精度越高,反之则越低。

(2) 像元数量误差准则(精度因子:δ_P)

以参考图与分割结果叠置得到错误分割的像元数除以总像元数表征影像分割精度,与面积相对误差准则一致,是从不同角度开展的精度评价,选用像元数量误差准则作为影像分割精度评价的准则之一。

令 P_t 代表正确分割像元数,P_w 代表错误分割的像元数,则错分率 δ_P 为:

$$\delta_P = \frac{P_w}{P_t + P_w} \times 100\% \tag{4-28}$$

其中,δ_P 是对影像分割精度的整体评价。显然,δ_P 越小,分割精度越高,反之则越低。

(3) 基于统计误差的准则(精度因子:P_C、P_{u_i}、P_{A_j}、OM、CM)

选择总体精度(P_C)、用户精度(P_{u_i})、制图精度(P_{A_j})、漏分误差(OM)与错分误差(CM)作为统计误差准则,用来评价基于各种地面类型的分类精度值,计算公式见4.4.4节。

（4）分割一致性准则（精度因子:K_{hat}）

Kappa系数主要应用于精确性评价和图像的一致性判断。选择Kappa系数(K_{hat})作为分割结果与参考图一致性的评价准则,其也是影像分割精度评价准则之一。K_{hat}的计算公式见式(4-26)。

4.5　CIE颜色空间区域合并分水岭算法斜坡地质灾害边界提取

4.5.1　实验区与数据源

（1）实验区概况

实验区位于研究区中西部的杜儿坪矿区桃花沟,区内发育有不稳定斜坡、滑坡、崩塌等地质灾害,地理位置见图4-3,选择其中一座不稳定斜坡（图4-3中标注★）开展CIE颜色空间区域合并分水岭算法斜坡灾害边界提取实验。

图4-3　实验区地理位置图

（2）数据源与数据预处理

选择GF-2遥感影像为实验用数据源,空间分辨率1 m,成像时间为2015年。对实验影像采用几何校正、影像融合、正射校正和裁剪完成影像数据预处理,预处理后的实验用高分辨率遥感影像像素为:1 275×1 503（图4-4）,对应不稳定斜坡体2017年3月现场照片（图4-5）。

 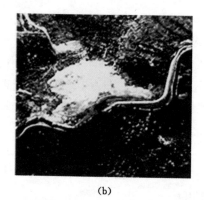

　(a)　　　　　　　　　　　　　　　　　(b)

图 4-4　GF-2 遥感影像

（a）原始影像；（b）对比度增强后影像

图 4-5　不稳定斜坡体全景图

4.5.2　方法与技术路线

（1）基于 RGB 颜色空间的区域合并分水岭分割算法

原理见 4.3 节所述，建立基于 RGB 颜色空间的区域合并分水岭分割算法（后面简称为 RGB-RMWS 法）。

（2）基于 Lab 颜色空间的区域合并分水岭分割算法

原理见 4.3 节所述，建立基于 Lab 颜色空间的区域合并分水岭分割算法（后面简称为 Lab-RMWS 法）。

（3）基于 Luv 颜色空间的区域合并分水岭分割算法

原理见 4.3 节所述，建立基于 Luv 颜色空间的区域合并分水岭分割算法（后面简称为 Luv-RMWS 法）。

总体技术路线见图 4-6。

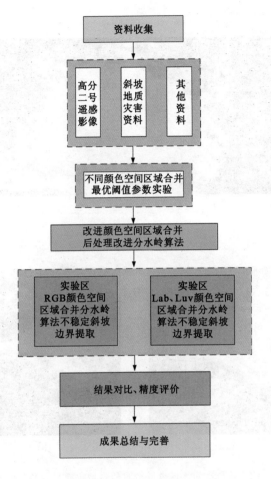

图 4-6　总体技术路线图

4.5.3　实验平台设计与开发

基于 VC++平台,以前述原理与算法开发了 CIE 颜色空间区域合并分水岭影像分割实验平台(RSImage-WS),平台主界面见图 4-7,RSImage-WS 平台设置了统计变量,分别统计模拟浸没分水岭算法影像分割后图斑数及耗时,区域合并后图斑数及耗时,用以对比算法对多源、多尺度影像的分割效率及效果。实验区不稳定斜坡提取实验过程见图 4-8。

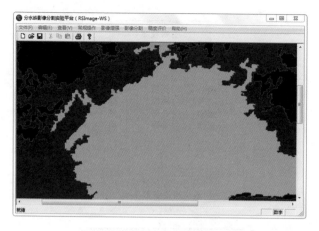

图 4-7　RSImage-WS 主界面

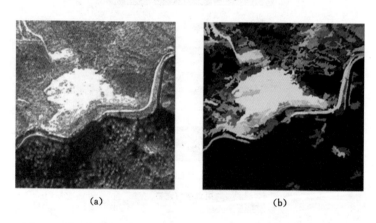

(a)　　　　　　　　　　　　(b)

图 4-8　CIE 颜色空间区域合并分水岭斜坡灾害影像分割实验过程

（a）原始分水岭算法分割结果；(b) Lab 颜色空间区域合并结果

4.5.4　影像对比度增强分割实验对比分析

分水岭算法改进分为前处理改进、后处理改进和"前＋后"处理改进三种方式，CIE 颜色空间区域合并分水岭算法属于后处理改进算法，为了对比分割效率和效果，对实验影像进行对比度增强前处理[图 4-4(b)]，按不同的颜色空间进行区域合并分水岭算法影像分割对比实验。实验中同一种方法采用相同的 C 值与 D 值，确保实验结果在同种方法下可对比。

1. RGB-RMWS 法分割实验与对比分析

对原始影像[图 4-4(a)]和对比度增强后影像[图 4-4(b)]分别进行分割实

验,部分分割结果见图 4-9,分割过程数据统计结果见表 4-5。

(a)　　　　　　　　　　　　　　　　(b)

图 4-9　RGB-RMWS 法斜坡灾害边界分割实验结果

(a) 原始影像;(b) 对比度增强后影像

表 4-5　RGB-RMWS 法影像分割数据统计

影像类别	分水岭分割 图斑数	分水岭分割 用时/ms	区域合并后 图斑数	区域合并 用时/ms	C	D
原始影像	103 939	1 342	51	177 420	200	500
增强影像	62 716	1 030	25	82 712	200	500

　　由图 4-9 可以看出,影像对比度增强后分割结果较原始影像有所改善,但仍然无法区分坡底的植被区域。表 4-5 的统计结果显示,影像对比度增强后经分水岭算法分割的图斑数量迅速减少,用时量也略有减少,达到了抑制过分割和提升效率的目的。同时,区域合并后的图斑数量和用时量则只有原始影像数据的一半,效率大幅度提升。因此,在分割结果相近的前提下,对影像进行对比度增强前处理改进具有提升分割效率和分割效果的明显效应。

　　2. Lab-RMWS 法分割实验与对比分析

　　对原始影像[图 4-4(a)]和对比度增强后影像[图 4-4(b)]分别进行分割实验,部分分割结果见图 4-10,分割过程数据统计结果见表 4-6。

　　由图 4-10 可以看出,影像对比度增强后分割结果较原始影像改善明显,形状特征更接近不稳定斜坡体的边界,原始影像则表现为欠分割。表 4-6 的统计结果显示,影像对比度增强后经分水岭算法分割的图斑数量迅速减少,用时量也略有减少,达到了抑制过分割和提升效率的目的。同时,区域合并后的图斑数量较原始影像数据有所减少,但用时量则仅有原始影像合并用时的39%多,时间效率大幅度提升。因此,对影像进行对比度增强前处理改进对 Lab-RMWS 法影响明显,具有提升分割效率和分割效果的明显效应。

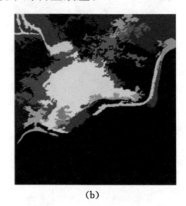

(a)　　　　　　　　　　　　(b)

图 4-10　Lab-RMWS 法斜坡灾害边界分割实验结果

(a) 原始影像;(b) 对比度增强后影像

表 4-6　Lab-RMWS 法影像分割数据统计

影像类别	分水岭分割 图斑数	分水岭分割 用时/ms	区域合并后 图斑数	区域合并 用时/ms	C	D
原始影像	103 939	1 295	75	89 170	500	50
增强影像	62 716	1 185	62	34 820	500	50

3. Luv-RMWS 法分割实验与对比分析

对原始影像[图 4-4(a)]和对比度增强后影像[图 4-4(b)]分别进行分割实验,部分分割结果见图 4-11,分割过程数据统计结果见表 4-7。

由图 4-11 可以看出,原始影像欠分割严重,未能分割出实验提取目标体——不稳定斜坡,而影像对比度增强后分割结果良好,所提取不稳定斜坡体边界吻合度高。表 4-7 的统计结果显示,影像对比度增强后经分水岭算法分割的图斑数量迅速减少,用时量也略有减少,达到了抑制过分割和提升效率的目的。虽然区域合并后的图斑数量较原始影像数据有所增加,但用时量则仅有原始影像合并用时的一半,在获得良好分割结果的同时时间效率大幅度提升。因此,对影像进行对比度增强前处理改进对 Luv-RMWS 法影响明显,具有提升分割效率和分割效果的明显效应。

(a)　　　　　　　　　　　(b)

图 4-11　Luv-RMWS 法斜坡灾害边界分割实验结果

(a) 原始影像;(b) 对比度增强后影像

表 4-7　Luv-RMWS 法影像分割数据统计

影像类别	分水岭分割图斑数	分水岭分割用时/ms	区域合并后图斑数	区域合并用时/ms	C	D
原始影像	103 939	1 248	22	74 896	500	400
增强影像	62 716	1 076	33	38 626	500	400

4.5.5　最优尺度参数实验与分析

分水岭算法中的尺度参数包括分割尺度参数和最小合并阈值,分别为 C 值和 D 值。这两个参数的最优值通常难以自适应确定,但可以通过试错法进行重复性实验确定最优尺度参数,实验影像选择对比度增强后的影像[图 4-4(b)]。

试错法通常先固定 C 值不变,递增 D 值,目视观察影像分割结果;再固定 D 值不变,递增 C 值,目视观察影像分割结果,以实验算法所提取目标体的边界与实际边界最佳吻合为判断依据,确定最优 C 值和 D 值。

1. RGB-RMWS 法最优尺度参数实验与分析

为了选取 RGB-RMWS 法最优分割与合并尺度参数,对实验影像进行多尺度分割实验,分别设 C 为 100、150、200、⋯、5000,设 D 为 100、150、200、⋯、15000 开展组合实验。其中,C 分别为 100、500、1000、1500,D 相应增加的四组实验结果见图 4-12。

经多尺度 RGB-RMWS 法斜坡灾害边界分割实验,目视分割结果并对比可

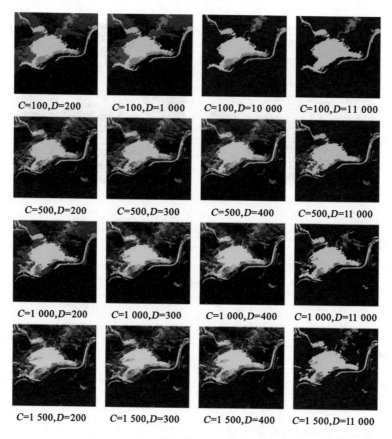

图 4-12　多尺度 RGB-RMWS 法斜坡灾害边界分割实验结果

以看出,保持 D 值不变,当 C 值逐渐增大时,影像分割图斑逐渐破碎,目标斜坡体内部碎斑增多,表现为过分割。而保持 C 值不变,当 D 值逐渐增大且增幅较小时,影像分割结果变化较小,斜坡体内部的碎斑数量保持平稳,但当 D 值继续增加时坡体内的碎斑逐渐减少,所提取斜坡边界在 D 值达到 11 000 时合并趋于稳定,但影像分割结果出现了较多的合并,整体呈现欠分割。

综合本次实验结果,当 C 为 100、D 为 11 000 时目标体边界分割效果目视判定最好,表现为斜坡灾害图斑边界连续、斑体内无碎斑、无其他斑体粘连,同时与目标体形状吻合度最好。

综合上述分析,RGB-RMWS 法在实验区对比度增强后的影像分割中极小区域判定阈值中的最优常数 C 设为 100,而色差值阈值 D 的最优值设为 11 000。

2. Lab-RMWS 法最优尺度参数实验与分析

为了选取 Lab-RMWS 法最优分割与合并尺度参数,对实验影像进行多尺度分割实验,分别设 C 为 100、150、200、…、5 000,设 D 为 50、100、150、…、1 000 开展组合实验。其中,C 为 400、1 500、2 500、3 500,D 相应增加的四组实验结果见图 4-13。

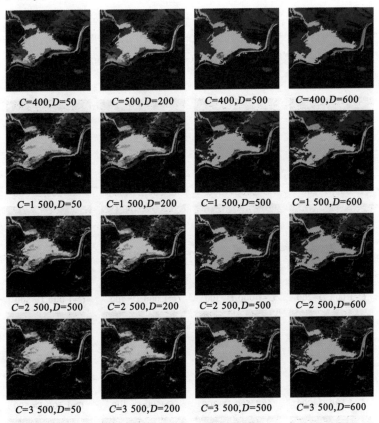

$C=400,D=50$　　　$C=500,D=200$　　　$C=400,D=500$　　　$C=400,D=600$

$C=1\,500,D=50$　　$C=1\,500,D=200$　　$C=1\,500,D=500$　　$C=1\,500,D=600$

$C=2\,500,D=500$　　$C=2\,500,D=200$　　$C=2\,500,D=500$　　$C=2\,500,D=600$

$C=3\,500,D=50$　　$C=3\,500,D=200$　　$C=3\,500,D=500$　　$C=3\,500,D=600$

图 4-13　多尺度 Lab-RMWS 法斜坡灾害边界分割实验结果

经多尺度 Lab-RMWS 法斜坡灾害边界分割实验,目视分割结果并对比可以看出,保持 D 值不变,当 C 值逐渐增大时,影像分割图斑逐渐破碎,目标体斜坡体内部碎斑增多,表现为过分割。而保持 C 值不变,当 D 值逐渐增大且增幅较小时,影像分割结果变化较小,斜坡体内部的碎斑数量保持平稳,但当 D 值继续增加时坡体内的碎斑逐渐减少,所提取斜坡边界在 D 值达到 600 时合并趋于稳定,影像分割成较大的图斑。

综合本次实验结果,当 C 值为 600 时目标体边界分割效果目视判定最好,表现为斜坡体图斑边界连续、斑体内无碎斑、与目标体形状吻合度最好。

综合上述分析,Lab-RMWS 法在实验区对比度增强后的影像分割中极小区域判定阈值中的最优常数 C 设为 400,而色差值阈值 D 的最优值设为 600。

3. Luv-RMWS 法最优尺度参数实验与分析

为了选取 Luv-RMWS 法最优分割与合并尺度参数,对实验影像进行多尺度分割实验,分别设 C 为 100、150、200、…、5 000,设 D 为 100、150、200、…、1 000开展组合实验。其中,C 为 500、1 000、1 500、2 000,D 为 200、300、400、500 的四组实验结果见图 4-14。

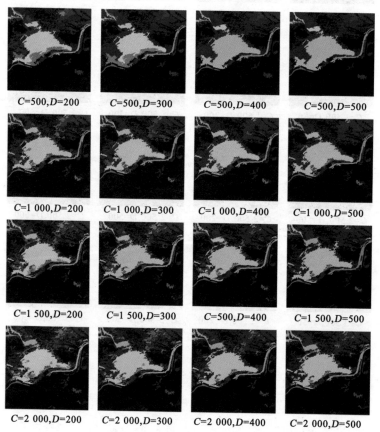

图 4-14 多尺度 Luv-RMWS 法斜坡灾害边界分割实验结果

经多尺度 Luv-RMWS 斜坡灾害边界分割实验,目视分割结果并对比可以看出,保持 D 值不变,当 C 值逐渐增大时,斜坡体内部碎斑增多,表现为过分割。

而保持C值不变,当D值逐渐增大时,斜坡体内部的碎斑逐渐减少,所提取斜坡边界在D值达到400以后趋于稳定。

综合本次实验结果,当C为500、D为400时目标体边界分割效果目视判定最好,表现为边界连续、斑体内无碎斑、与目标体形状吻合度最好。

综合上述分析,Luv-RMWS法在实验区对比度增强后的影像分割中极小区域判定阈值中的最优常数C设为500,而色差值阈值D的最优值设为400。

4.5.6　实验结果分析与精度评价

1. 实验结果

以三种方法对目标体提取的最优结果作为本次实验结果。

(1) RGB-RMWS法提取结果

以C为100、D为11 000的分割结果作为RGB-RMWS法不稳定斜坡体分割提取实验结果(见图4-12)。

(2) Lab-RMWS法提取结果

以C为400、D为600的分割结果作为Lab-RMWS法不稳定斜坡体分割提取实验结果(见图4-13)。

(3) Luv-RMWS法提取结果

以C为500、D为400的分割结果作为Luv-RMWS法不稳定斜坡体分割提取实验结果(图4-14)。

2. 结果对比

将三种分割结果数据由栅格转为矢量面,并导出目标体图斑为单独面文件,将其与基准数据、实验影像叠加进行对比(图4-15)。

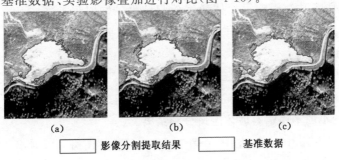

(a)　　　　　　　(b)　　　　　　　(c)

　　□ 影像分割提取结果　　　□ 基准数据

图4-15　不稳定斜坡影像提取结果与基准数据对比

(a) RGB-RMWS;(b) Lab-RMWS;(c) Luv-RMWS

3．实验结果分析

（1）时间效率

实验所用计算机型号为 HP 2211f，具体配置为：Intel（R）Core（TM）i3 CPU，主频 3.20 GHz，6.00 GB 内存，64 位操作系统，耗时采用程序内置计时变量统计。

不稳定斜坡体提取实验影像分割所用时间见表 4-8。

表 4-8　不稳定斜坡体影像分割耗时对比表

分割方法	分割后图斑	分割耗时/s	C	D	备注
RGB-RMWS	6	182.209	100	11 000	所用时间包括原始分割与合并总用时
Lab-RMWS	28	44.585	400	600	
Luv-RMWS	33	39.702	500	400	

由表 4-8 可以看出，RGB-RMWS 法用时最多，达到了 182.209 s，而 Lab-RMWS 法较 Luv-RMWS 法用时略多，分别为 44.585 s 和 39.702 s，改进颜色空间的 Lab-RMWS 法和 Luv-RMWS 法时间效率明显优于未经改进的 RGB-RMWS 法，但在获得相近最优分割结果的情况下，Luv-RMWS 法又较 Lab-RMWS 法时间效率略高一点。

同时对比分割后图斑数量可以看出，RGB-RMWS 法仅有 6 个图斑，而 Lab-RMWS 法和 Luv-RMWS 法分别为 28 个和 33 个，显然 RGB-RMWS 法在得到目标体最优分割结果的同时出现了大量图斑的合并，整图呈现出欠分割现象，过量的合并也导致了合并时间较长，从而时间效率低下。而 Lab-RMWS 法和 Luv-RMWS 法在得到目标体最优分割结果的同时保持了一定数量的图斑数，比较合理，相对较少的合并提高了影像分割时间效率。

（2）分割效果

① 由图 4-15 可以看出，三种方法在以最优尺度参数进行分割时结果均表现良好，既实现了目标体的边界分割，也实现了图斑内部碎斑的合并，得到受植被等干扰较小的不稳定斜坡体图斑分割结果。

② 由图 4-15 中三种方法的最优分割提取目标体图斑可以看出，三种方法均存在一定的过分割与欠分割现象，其中，Lab-RMWS 法和 Luv-RMWS 法均在图斑北部和西南部出现了过分割，导致三个较大的粘连图斑混入目标体图斑，影响分割精度。相比较这两种方法，RGB-RMWS 法仅在图斑东部出现了较小的过分割，

但却在图斑西南部出现了欠分割。同时,三种方法均在图斑南部,即目标体的底部出现了欠分割现象,未能实现对底部植被覆盖区域的分割合并。

综合上述分析,RGB-RMWS法可以得到目标体的最优分割结果,虽然目视效果最好,但是时间效率低下,整体表现为欠分割,而Lab-RMWS法和Luv-RMWS法虽然也存在一定的过分割与欠分割现象,但是综合分割效率与分割效果良好,尤其是得到目标体最优分割结果的时间效率远高于RGB-RMWS法,且结果中图斑数量相对合理。因此,从时间效率和分割效果角度来分析,Lab-RMWS法和Luv-RMWS法综合表现均优于未经颜色空间变换的RGB-RMWS法。

4. 分割精度评价

(1)面积相对误差准则

以实验影像分割结果和目视解译的基准数据中目标体的面积分别计算δ_A。

(2)像元数量误差准则

将实验影像提取信息和目视解译获得的基准数据分为目标体和非目标体两大类,以像元数为量算单元,再将目标体的基准数据栅格化作为参考图,然后将参考图与目标体分割结果叠置,得到正确分割的像元数和错误分割的像元数,计算分割结果的δ_P。

(3)基于统计误差的准则

将实验影像提取信息和目视解译获得的基准数据分为目标体和非目标体两大类,以像元数为量算单元,构建分类信息误差矩阵,分别计算P_C、P_{u_i}、P_{A_j}、OM、CM(表4-9、表4-10、表4-11)。

表4-9 RGB-RMWS法提取精度评价

基准数据	RGB-RMWS法提取结果				
	目标体	非目标体	总计	制图精度	漏分误差
目标体	236 035	15 621	251 656	93.79%	6.21%
非目标体	11 293	1 653 350	1 664 643	99.32%	0.68%
总计	247 328	1 668 971	1 916 299	—	—
用户精度	95.43%	99.06%	—	—	—
错分误差	4.57%	0.94%	—	—	—
总体精度:98.60%					

表 4-10　Lab-RMWS 法提取精度评价

基准数据	Lab-RMWS 法提取结果				
	目标体	非目标体	总计	制图精度	漏分误差
目标体	238 585	13 071	251 656	94.81%	5.19%
非目标体	20 476	1 644 167	1 664 643	98.77%	1.23%
总计	259 061	1 657 238	1 916 299	—	—
用户精度	92.10%	99.21%	—	—	—
错分误差	7.90%	0.79%	—	—	—
	总体精度:98.25%				

表 4-11　Luv-RMWS 法提取精度评价

基准数据	Luv-RMWS 法提取结果				
	目标体	非目标体	总计	制图精度	漏分误差
目标体	239 282	12 374	251 656	95.08%	4.92%
非目标体	18 294	1 646 349	1 664 643	98.90%	1.10%
总计	257 576	1 658 723	1 916 299	—	—
用户精度	92.90%	99.25%	—	—	—
错分误差	7.10%	0.75%	—	—	—
	总体精度:98.40%				

（4）分割一致性准则

Kappa 系数较用户精度、制图精度和总体精度更具客观性。依据分类信息误差矩阵分别计算 K_{hat}。

经上述计算统计,改进分水岭算法影像分割不稳定斜坡提取精度评价因子计算结果见表 4-12。

由表 4-12 可以看出,四种评价准则计算结果基本一致,RGB-RMWS 法和 Luv-RMWS 法提取结果精度基本一致,其中,RGB-RMWS 法像元数量误差因子小于 Luv-RMWS 法,而基于统计误差的准则的总体精度和分割一致性准则均大于 Luv-RMWS 法,显示出更高的分割精度,但面积相对误差因子高于 Luv-RMWS 法,则表征为分割精度低于 Luv-RMWS 法。经综合分析两种方法的分割精度均达到了较高的水平,精度基本一致。相比较而言,Lab-RMWS 法分割精度在各项精度因子上均略低于 Luv-RMWS 法,仅有面积相对误差准则因子略高于 RGB-RMWS 法,整体表现稍差。

表 4-12　不稳定斜坡边界提取精度评价表

精度准则		精度因子	RGB-RMWS	Lab-RMWS	Luv-RMWS
面积相对误差准则		$\delta_A/\%$	4.21	5.20	4.92
像元数量误差准则		$\delta_P/\%$	1.40	1.75	1.60
基于统计误差的准则	总体精度	$P_C/\%$	98.60	98.25	98.40
	用户精度	$P_{u_i}/\%$	95.43	92.10	92.90
	制图精度	$P_{A_j}/\%$	93.79	94.81	95.08
	漏分误差	$OM/\%$	6.21	5.19	4.92
	错分误差	$CM/\%$	4.57	7.90	7.10
分割一致性准则		$K_{hat}/\%$	93.80	92.42	93.05

综合以上分析,在得到目标体最优分割结果后所进行的分割精度评价中,三种方法在各项因子上表现为精度基本一致,但 Lab-RMWS 法略低于 RGB-RMWS 法和 Luv-RMWS 法。

5. 综合分析

(1) 选择 GF-2 影像为数据源,以 RGB-RMWS 法为改进算法对比方法,经实验表明,Lab-RMWS 法和 Luv-RMWS 法在信息提取时间上优势明显,时间效率较高。同时,CIE 颜色空间区域合并分水岭算法自动合并初始分割结果,避免了人为合并处理碎斑的主观性,提取结果的客观性方面表现良好。

(2) CIE 颜色空间区域合并分水岭算法对实验影像不稳定斜坡边界多尺度分割实验结果显示,RGB-RMWS 法、Lab-RMWS 法和 Luv-RMWS 法在目标体提取可靠性、目标体边界吻合度、提取细节方面均表现良好。同时,分割精度评价准则计算结果显示,RGB-RMWS 法、Lab-RMWS 法和 Luv-RMWS 法分割精度基本一致,其中,Luv-RMWS 法和 RGB-RMWS 法分割精度略好于 Lab-RM-WS 法,与目视评价结果一致,表明改进 CIE 颜色空间区域合并分水岭算法影像分割精度评价准则因子结果可靠,Lab-RMWS 法和 Luv-RMWS 法对所选实验影像数据具有良好的适用性。

(3) 尺度参数选择主要指分割中多尺度分割参数和区域合并中合并阈值参数的选择,该尺度参数主要靠实验方式获取经验最优值,具有主观性、限定性等约束,虽然利用试错法获取了实验影像及目标体在三种分割方法中的最优分割与合并尺度参数,但是难以普适性应用于多源、多尺度影像数据斜坡灾害边界分水岭影像分割自动提取,后续研究仍然需要探索最优尺度参数的客观获取方式。

(4)分水岭算法改进中未做前处理改进,仅对原始影像数据做了对比度增强预处理,实验过程显示增加影像对比度对分割效果具有较好的增益。尤其是Luv-RMWS法在对原始影像进行分割时欠分割现象严重,未能提取到不稳定斜坡体,经影像对比度增强后所提取不稳定斜坡表现良好。而 Lab-RMWS 法则可以实现原始影像不稳定斜坡体分割,表现优于 Luv-RMWS 法。对比三种方法实验结果可以看出,影像对比度增强是解决分水岭算法欠分割有效的方法。因此,今后应继续改进算法,增加影像对比度增强部分作为算法的前改进,综合"前+后"的改进方式提高算法的效果。

(5)实验基于 GF-2 数据展开,最优分割与合并参数阈值均采用试错法实验后目视判定得到,影像预处理中的对比度增强具有主观性和随机性,建议在后续研究中应改进算法和程序,明确不同影像数据、不同质量数据的最优判定阈值,尽可能实现尺度自适应分割,实现斜坡灾害边界遥感提取快速化、自动化。

4.5.7 对比实验与分析

为了验证改进算法的适用性,在研究区不稳定斜坡体提取实验的基础上再选取两处滑坡体进行提取实验。

1. 数据源

实验一影像数据:数据情况同 4.5.1 节[图 4-16(a)]。

 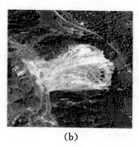 

(a)   (b)   (c)

图 4-16 对比实验数据源

(a)实验一数据;(b)实验二数据;(c)实验三数据

实验二影像数据：山西省离柳矿区，Pleiades 数据[图 4-16(b)]，空间分辨率 0.5 m，成像时间为 2015 年，实验影像大小为 1 417 像素×1 377 像素。

实验三影像数据：山西省大同矿区，Quickbird 数据[图 4-16(c)]，空间分辨率 0.61 m，成像时间为 2014 年，实验影像大小为 1 181 像素×1 393 像素。

2. 实验方法

Lab-RMWS 法和 Luv-RMWS 法同 4.5.2 节，同时对实验影像进行非监督分类、最大似然法监督分类和基于 eCognition 软件的面向对象分类。

(1) 最大似然分类法

最大似然分类法也称为贝叶斯分类法，通过求出每个像元对于各类别归属概率(似然度)，把该像元分到归属概率(似然度)最大的类别中去(林卉 等，2018)。

假设遥感图像上有 k 个地物类别，第 i 类地物用 w_i 表示，每个类别发生的先验概率为 $P(w_i)$。设有未知类别的样本 X，在 w_i 类中出现的条件概率为 $P(X|w_i)$(也称为 w_i 的似然概率)，根据 Bayes 定理可以得到样本 X 出现的后验概率 $P(w_i|X)$ 为：

$$P(w_i \mid X) = \frac{P(X \mid w_i)P(w_i)}{P(X)} = \frac{P(X \mid w_i)P(w_i)}{\sum_{i=1}^{k} P(X \mid w_i)P(w_i)} \tag{4-29}$$

由于 $P(X)$ 对每个类别都是一个常数，所以，判别函数可以简化为：

$$P(w_i \mid X) = P(X \mid w_i)P(w_i) \tag{4-30}$$

Bayes 分类器中以样本 X 出现的后验概率为判别函数来确定样本 X 的所属类别，判别规则为：若对于所有可能 $j=1,2,\cdots,k,j\neq i$，有 $P(w_i|X)>P(w_j|X)$，则 X 属于类 w_i。

(2) 面向对象分类法

基于 eCognition 软件的面向对象分类法采用多尺度分割算法，该算法是基于异质性最小原则的区域合并算法，其中，分割对象异质性由光谱异质性和形状异质性综合决定。分割后的对象异质性越低，表明分割对象图斑内同质性越高，反之则对象内部差异较大，存在地物混杂的可能性。分割参数是多尺度分割与合并的阈值，不同的分割参数决定了分割结果是否准确。分割参数主要包括分割尺度、光谱异质性权重、形状异质性权重、自定义紧凑度权重和自定义光滑度权重。其中，过大的分割尺度一般容易导致欠分割，而过小则容易导致过分割。

如何确定最优分割参数是面向对象分类法的关键问题,通过分割结果的评价反映分割参数的优劣是解决这一问题有效的技术途径,目前常用的评价方法有试错法、形状对比法、目标函数法、对象匹配法和矢量距离法等(王露 等,2015),而试错法是应用较多的方法,分割之前对分割影像进行重复性实验,以试错法目视判断最佳分割参数。

影像分割对象的总体异质性 h 由光谱异质性参数和形状异质性参数控制,表达式如下:

$$h = \omega_{color} \times h_{color} + \omega_{shape} \times h_{shape} \tag{4-31}$$

式中,h 为对象的总体异质性;h_{color} 为光谱异质性;h_{shape} 为形状异质性;ω_{color} 为光谱异质性的权重;ω_{shape} 为形状异质性的权重;$\omega_{color} + \omega_{shape} = 1$。

形状异质性以光滑度和紧致度综合表达,公式如下:

$$h_{shape} = \omega_{com} \times h_{com} + \omega_{smooth} \times h_{smooth} \tag{4-32}$$

其中,ω_{com} 为自定义紧凑度权重;ω_{smooth} 为自定义光滑度权重;ω_{com} 与 ω_{smooth} 之和为 1。

实际应用中,多尺度分割参数设置时光谱异质性的权重不能太低,以充分利用高分辨率遥感影像的光谱信息。而形状异质性参数设置时应充分考虑提取目标的形状,规则对象比不规则地物形状因子略高。

3. 实验结果

(1)非监督分类法提取结果

利用 ArcGIS 平台空间分析工具箱中的影像分类工具,选定 ISO 聚类非监督分类,设定类数目为 4 类,得到实验影像非监督分类结果。

(2)监督分类提取结果

选定最大似然法分类,设定类数目为 4 类,选定 31 个样区进行训练,以训练结果为特征数据进行最大似然法分类,得到实验影像监督分类结果。

(3)面向对象分类提取结果

利用 eCognition 平台,经多次面向对象分割实验并目视对比结果,选定最优分割尺度参数如下:

① 实验一影像分割参数:分割尺度 2 100、光谱异质性权重 0.8、形状异质性权重 0.2、紧凑度权重 0.5、光滑度权重 0.5;

② 实验二影像分割参数:分割尺度 900、光谱异质性权重 0.7、形状异质性权重 0.3、紧凑度权重 0.5、光滑度权重 0.5;

③ 实验三影像分割参数:分割尺度 1 800、光谱异质性权重 0.8、形状异质

性权重 0.2、紧凑度权重 0.5、光滑度权重 0.5。

采用上述最优分割尺度参数,利用 eCognition 平台分割得到实验影像面向对象分类结果。

(4) Lab-RMWS 法提取结果

① 实验一:以 C 为 400、D 为 600 的分割结果作为实验一提取实验结果;

② 实验二:以 C 为 400、D 为 300 的分割结果作为实验二提取实验结果;

③ 实验三:以 C 为 400、D 为 300 的分割结果作为实验三提取实验结果。

(5) Luv-RMWS 法提取结果

① 实验一:以 C 为 500、D 为 400 的分割结果作为实验一提取实验结果;

② 实验二:以 C 为 500、D 为 250 的分割结果作为实验二提取实验结果;

③ 实验三:以 C 为 500、D 为 250 的分割结果作为实验三提取实验结果。

将上述五种影像分类、分割方法提取结果数据由栅格转为矢量格式,并导出目标体图斑为单独面文件,与基准数据、实验影像进行叠加对比(图 4-17)。

4. 结果分析

(1) 时间效率

实验所用计算机型号为 HP 2211f,具体配置为:Intel(R) Core(TM)i3 CPU,主频 3.20GHz,6.00GB 内存,64 位操作系统。非监督分类和最大似然法监督分类计时采用普通秒表进行,面向对象分类利用 eCognition 软件自动计时,而 Lab-RMWS 法和 Luv-RMWS 法采用程序内置计时变量统计。实验所用时间见表 4-13。

由表 4-13 统计的影像分割提取耗时情况来看,在三次实验中,不同方法按时间效率从高到低依次为:非监督分类＞面向对象分类＞Luv-RMWS 法＞Lab-RMWS 法＞最大似然法监督分类,需要注意的是,非监督分类和监督分类所统计时间仅是直接分类的用时量,分类结果中包含大量的碎斑需要后处理,而分类结果后处理是极其耗费时间的技术环节,针对本次非监督分类和监督分类实验结果所做的后处理耗时在 1 h 以上。如果考虑非监督分类和监督分类需要耗时进行后处理,则五种方法按时间效率从高到低依次为:面向对象分类＞Luv-RMWS 法＞Lab-RMWS 法＞非监督分类＞最大似然法监督分类。尽管面向对象分类、Luv-RMWS 法和 Lab-RMWS 法在开始分割之前均需要进行最优分割尺度实验,而这部分时间受影像处理经验等约束,具有一定的随机性,但是,面向对象分类方法在这三次实验中均较 CIE 颜色空间区域合并分水岭方法表现出更好的时间效率。

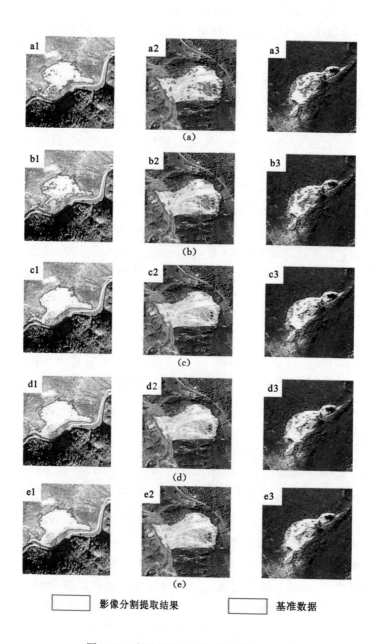

图 4-17 实验提取结果与基准数据对比

（a）非监督分类；（b）监督分类；（c）面向对象分类；（d）Lab-RMWS ；（e）Luv-RMWS

表 4-13　不同方法提取时间对比表

提取方法	实验一耗时/s	实验二耗时/s	实验三耗时/s	实验平台	备　注
非监督分类	6	7	6	ArcGIS	统计时间仅为分类时间,碎斑合并等后处理耗时 1 h 多
最大似然监督分类	381	416	329	ArcGIS	统计时间包括样本训练、分类和碎斑,合并等后处理耗时 1 h 多
面向对象分类	11.47	21.14	13.76	eCognition	自动完成影像分割与合并
Lab-RMWS 法	44.59	218.41	93.17	RSImage-WS	自动完成影像分割与合并
Luv-RMWS 法	39.70	169.48	78.67	RSImage-WS	自动完成影像分割与合并

（2）提取精度评价

以实验影像提取结果和目视解译获得的基准数据提取目标体的面积,利用式(4-27)分别计算五种提取结果的 δ_A。同时,将实验影像提取结果和目视解译获得的基准数据分为目标体和非目标体两大类,以像元数为量算单元,再将目标体的基准数据栅格化作为参考图,然后将参考图与五种方法分割结果叠置,得到正确分割的像元数和错误分割的像元数,利用式(4-28)计算分割结果的 δ_P。同时,计算 P_C、P_{u_i}、P_{A_j}、OM、CM 和 K_{hat},计算结果见表 4-14、表 4-15、表 4-16。

表 4-14　实验一不稳定斜坡边界提取精度评价表　　　　　单位:%

精度准则		精度因子	非监督分类	监督分类	面向对象分类	Lab-RMWS	Luv-RMWS
面积相对误差准则		δ_A	12.68	29.02	8.71	5.20	4.92
像元数量误差准则		δ_P	1.86	3.82	1.90	1.75	1.60
基于统计误差的准则	总体精度	P_C	98.14	96.18	98.10	98.25	98.40
	用户精度	P_{u_i}	98.33	99.85	94.06	92.10	92.90
	制图精度	P_{A_j}	87.33	71.03	91.29	94.81	95.08
	漏分误差	OM	12.67	28.97	8.71	5.19	4.92
	错分误差	CM	1.67	0.15	5.94	7.90	7.10
分割一致性准则		K_{hat}	91.45	80.93	91.56	92.42	93.05

表 4-15　实验二滑坡边界提取精度评价表　　　　　单位:%

精度准则		精度因子	非监督分类	监督分类	面向对象分类	Lab-RMWS	Luv-RMWS
面积相对误差准则		δ_A	14.88	13.46	5.35	6.29	6.90
像元数量误差准则		δ_P	3.53	3.39	1.42	1.47	1.86
基于统计误差的准则	总体精度	P_C	96.47	96.61	98.58	98.53	98.14
	用户精度	P_{u_i}	97.77	96.99	98.51	99.22	97.92
	制图精度	P_{A_j}	85.11	86.54	94.60	93.71	93.10
	漏分误差	OM	14.89	13.46	5.40	6.29	6.90
	错分误差	CM	2.23	3.01	1.49	0.78	2.08
分割一致性准则		K_{hat}	88.82	89.36	95.65	95.47	94.28

表 4-16　实验三滑坡边界提取精度评价表　　　　　单位:%

精度准则		精度因子	非监督分类	监督分类	面向对象分类	Lab-RMWS	Luv-RMWS
面积相对误差准则		δ_A	44.48	39.97	16.65	14.79	15.96
像元数量误差准则		δ_P	6.08	5.61	2.74	2.41	2.64
基于统计误差的准则	总体精度	P_C	93.92	94.39	97.26	97.59	97.36
	用户精度	P_{u_i}	99.39	97.67	95.94	96.61	96.01
	制图精度	P_{A_j}	55.52	60.03	83.35	85.20	84.04
	漏分误差	OM	44.48	39.97	16.65	14.80	15.96
	错分误差	CM	0.61	2.33	4.06	3.39	3.99
分割一致性准则		K_{hat}	68.15	71.41	87.65	89.18	88.13

由表 4-14 可以看出,实验一中其他四种方法提取结果的 δ_A 和 δ_P 均大于 Luv-RMWS 法的 δ_A(4.92%)和 δ_P(1.60%),显示出实验一中 Luv-RMWS 法的不稳定斜坡边界提取精度更高。

由表 4-15 可以看出,实验二中其他四种方法提取结果的 δ_A 和 δ_P 均大于面向对象分类方法的 δ_A(5.35%)和 δ_P(1.42%),显示出实验二中面向对象分类方法的滑坡边界提取精度更高。

由表 4-16 可以看出,实验三中其他四种方法提取结果的 δ_A 和 δ_P 均大于 Lab-RMWS 法的 δ_A(14.79%)和 δ_P(2.41%),显示出实验三中 Lab-RMWS 法

的滑坡边界提取精度更高。

（3）提取效果

① 由图 4-17 可以看出，在三次实验中，非监督分类和监督分类结果均较差，所提取目标体中碎斑较多，需要继续人工干预进行后处理，难以实现自动化提取。

② 由图 4-17 可以看出，面向对象分类、Luv-RMWS 法和 Lab-RMWS 法均实现了目标体的较好提取，也实现了目标体图斑内大部分碎斑的合并，得到受植被等干扰较小的斜坡灾害体边界提取结果。但图 4-17 显示这三种方法在三次实验中均存在一定的过分割与欠分割现象，其中，三次实验的面向对象分类提取结果均在目标体边缘出现了欠分割，但是较好地避免了目标体内部植被的干扰，实现了目标体的整体分割提取。而 Luv-RMWS 法和 Lab-RMWS 法在实验二、实验三中未能将目标体中的植被图斑自动合并，表现为过分割，同时，在目标体边缘同样也存在一定的欠分割现象，影响了目标体的整体提取效果。

5. 综合分析

（1）目前，通过影像分类技术进行滑坡信息提取的研究较多，这些工作常以 SPOT 5、GF-1、ZY-3、无人机影像等数据为数据源，以非监督分类、监督分类、支持向量机的监督分类等方法为技术手段开展研究。实验表明，非监督分类和监督分类在斜坡灾害提取中的时间效率、提取精度和提取效果均较面向对象分类技术差，目前，遥感影像数据空间分辨率越来越高，对基于像素的分类结果带来更多的噪声影响，采用分水岭算法、面向对象分类方法等开展斜坡灾害提取势在必行。

（2）尽管目前在影像分割领域多基于面向对象多分辨率分割方法开展研究，实验平台为成熟的 eCognition 软件，数据主要集中在 GF-1、GF-2、Quick-Bird 等高分辨率遥感影像，但面向对象的方法规则复杂，处理过程繁杂，一般技术人员掌握具有困难，不利于技术的常规应用。实验表明，Luv-RMWS 法和 Lab-RMWS 法尽管在时间效率上较面向对象分类方法略差，但三次实验中，这三种方法各有一次目标体提取精度最高，因此可认为这三种方法提取精度相当。同时，改进分水岭算法不需要建立分割过程规则，合并处理过程简单，算法易于理解，分割结果客观性强、可靠性高。

（3）后处理改进 CIE 颜色空间分水岭算法对斜坡灾害边界提取效果良好，时间效率和提取精度高，为基于遥感影像进行斜坡灾害提取提供了新探索。

4.6 本章小结

　　针对分水岭算法分割结果中存在大量破碎图斑的问题,本章对分水岭算法的改进方法进行分析,明确了分水岭算法改进的方式及优缺点,对比选用后改进方式建立了基于 Lab 颜色空间(Luv 颜色空间)的区域合并分水岭分割算法,提出了基于 CIE 颜色空间的区域合并相似性测度,建立了分水岭算法影像分割精度评价准则体系,包括:面积相对误差准则、像元数量误差准则、基于统计误差的准则和分割一致性准则。实验表明,后处理改进 CIE 颜色空间区域合并分水岭算法在斜坡地质灾害边界提取中时间效率良好,提取效果优势明显,分割精度评价结果可靠,对提升斜坡边界提取效率和可靠性具有重要的应用价值,为多特征分水岭影像分割斜坡地质灾害提取方法提供了适用性更强的改进分水岭算法。不足之处在于最优分割阈值和最优合并阈值均是采用试错法重复性实验得到的经验值,具有一定的随机性。尽管有研究表明目视判定确定阈值具有最优特征,但这种最优性对个体依赖大,主观性强。今后应继续研究相应的原理方法,建立更客观的阈值定量求定方法。

第 5 章　DEM 提取地形因子时空效应及最佳尺度

5.1　ASTER GDEM 高程精度评价

5.1.1　数据与方法

高程基准不同,则同一空间点位的高程值不同,开展高程精度评价应在同一高程基准下进行。ASTER GDEM 采用的高程基准为 EGM96 模型所建立的全球似大地水准面,而我国目前使用的高程基准为 1985 国家高程基准,这为 ASTER GDEM 高程精度评价带来基准不同的问题,同样 SRTM DEM 高程精度评价中也遇到了这样的问题(詹蕾 等,2010),应先厘清两种高程基准之间的关系,并消除基准面不同所带来的高程系统误差。

为了得到研究区的 DEM 数据,首先通过坐标转换将 ASTER GDEM 坐标系统转换至 1980 西安坐标系,以便与其他数据保持基准一致性。再根据前述 EGM96 模型全球似大地水准面与我国局部似大地水准面系统性偏差,对研究区 ASTER GDEM 数据进行垂直误差校正,完成投影转换、水平校正和垂直校正后,依据研究区范围数据对数据进行裁切,重采样为 30 m 分辨率,得到研究区 DEM 数据。

我国 1∶50 000 DEM 采用 28 个分布在图幅内和图幅边缘的检验点,计算其与真值之间的中误差来对 DEM 质量进行精度评价。实际操作中,28 个检验点过于稀少,具有很大的偶然性,因此有必要增加检验点数目(詹蕾 等,2010)。基于 ArcGIS 软件在研究区内随机生成检查点 360 个,点间距最小为 241 m,以研究区高分辨率遥感影像为参考,对难以到达、落水、上房等不合理点位进行人工调整,形成研究区 DEM 数据高程质量评价检查点集。

5.1.2 结果与评价

以山西省 CORS 和似大地水准面精化成果为支持,采用南方测绘 GPS-RTK 实际测量了检查点的高程值,作为本次评价用真值,检查点空间分布见图 5-1。

经计算,高程中误差为 22.72 m。其中,最大误差 78.45 m,最小误差为 −64.96 m,误差均值 0.11 m。误差频数分布图如图 5-2 所示。

由图 5-2 可以看出,误差分布呈现正态形式,具有偶然误差的特征。同时,研究区 ASTER GDEM 高程中误差为 22.72 m,与数据标称垂直精度 20 m 相比有所降低。

利用 ArcGIS 中的反距离权重插值对研究区检查点高差值进行空间插值,以 22.72 m(一倍中误差)为第一间隔点,45.44 m(两倍中误差)为第二间隔点,得到研究区 ASTER GDEM 高程差值空间分异图(图 5-3)。

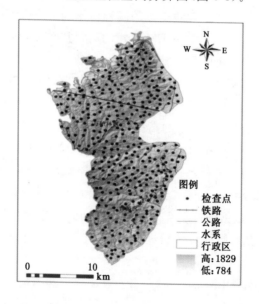

图 5-1 研究区 ASTER GDEM 高程精度评价检查点空间分布图

由图 5-3 可以看出,高程差值较大的检查点主要分布于研究区南部山区,在东南部山区和西南部甚至出现了连片高程差值较大区域,相比较南部,研究区北部高程差值较大的检查点则零星分布,数量较少。

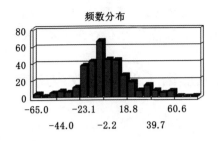

图 5-2　研究区 DEM 数据高程误差频数分布图

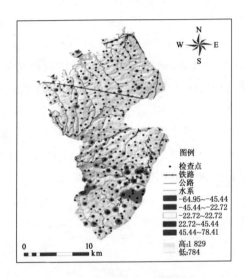

图 5-3　研究区 ASTER GDEM 高程差值空间分异图

5.1.3　结果分析

引起研究区检查点高程差值空间分异的原因分析如下：

（1）由图 5-3 可知,高程差异较大的检查点主要位于研究区中南部,这与研究区南部林地分布较广、地下采煤扰动剧烈、西山生态恢复治理工程主要位于这一区域有密切的关系。

（2）研究区南部山区海拔高,地形结构较北部复杂,地形起伏度较大,AS-TER GDEM 的空间分辨率难以精确地表述地形起伏变化。

（3）在山体陡峭、山体坡度较大区域,受 ASTER GDEM 数据测量方法自身缺陷影响,数据缺失或错误,后续修补虽然使数据连续,但误差较大。

（4）尽管 ASTER GDEM V2 版数据采用了一种先进的算法改进，提高了数据的空间分辨率精度和高程精度，但仍有部分区域效果一般。

5.2　DEM 提取地形因子的时空效应研究

研究区内的地貌演变特征主要受开采沉陷、人工活动影响，目前所能获得的公开 DEM 数据大多有明确的生产时相，且分辨率各异，而斜坡灾害却随时涌现，基于国土部门累积的斜坡灾害分布信息与地形因子进行空间分析，如果不考虑数据之间的时空尺度关系，则分析结果难免脱离实际情况。

为了明确研究区地形因子随 DEM 数据时空尺度变化在特征上的反映，并考虑时间尺度地形数据的可获取性，选取研究区中西部边界区域为实验区（张明媚 等，2019）(图 5-4)，选择坡度、坡向、地势起伏度和地面曲率为数字地貌特征因子，将收集到的多源多时相 DEM 数据按照空间分辨率分为两类：

① 实验区 1979 年、1999 年和 2013 年三期 5 m 分辨率 DEM 数据；② 实验区 1975 年、2016 年的 2.5 m 和 2 m 分辨率 DEM 数据。这两种不同分辨率的 DEM 数据构成了实验区数字地形时空演变分析的不同尺度层次，分别对其进行坡度、坡向、地势起伏度和地面曲率的数字特征分析，探讨地形因子随时间尺度在不同分辨率 DEM 数据上的反映，为斜坡灾害发育敏感性评价和斜坡灾害遥感提取提供可靠的地形因子。

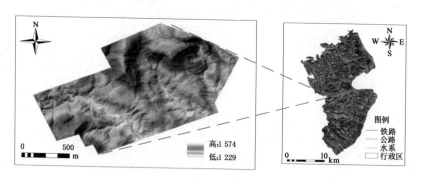

图 5-4　实验区地理位置图

经过基础数据预处理，实验区多时相、多尺度 DEM 数据高程精度满足生产规范要求，开展本次实验分析的基础数据精度可靠。

5.2.1　坡度分析

本次实验的目的是揭示多时相 DEM 数据提取地形因子的分异特征,因此将实验区的地形坡度划分为五级(表 5-1),然后对实验区的两种尺度 DEM 数据进行坡度提取,结果见图 5-5、图 5-6。

表 5-1　实验区地形坡度等级划分表

坡度	缓坡	斜坡	陡坡	峭坡	断崖
	0°～5°	5°～15°	15°～45°	45°～70°	>70°

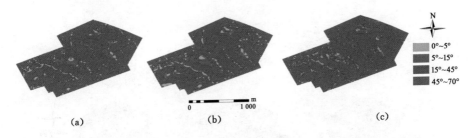

图 5-5　实验区 5 m 分辨率 DEM 坡度图

(a) 1979 年;(b) 1999 年;(c) 2013 年

图 5-6　实验区 2.5 m 与 2 m 分辨率 DEM 坡度图

(a) 1975 年;(b) 2016 年

分别统计实验区坡度分布范围及百分比,结果见图 5-7。

由图 5-7(a)可以看出,5 m 分辨率 DEM 所提取实验区坡度因子显示实验区地貌特征以陡坡为主,坡度主要分布于 15°～45°之间,没有大于 70°的陡崖。图 5-7(b)显示,2 m 分辨率 DEM 所提取实验区坡度因子显示实验区地貌特征以陡坡为主,坡度主要分布于 15°～45°之间,有大于 70°的陡崖出现。

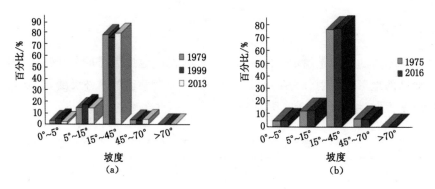

图 5-7　坡度分布百分比统计对比图

(a) 5 m 尺度;(b) 2 m 尺度

5.2.2　坡向分析

对实验区两类 DEM 数据分别进行坡向提取,结果见图 5-8、图 5-9。

(a)　　　　　　　　　(b)　　　　　　　　　(c)

图 5-8　实验区 5 m 分辨率 DEM 坡向图

(a) 1979 年;(b) 1999 年;(c) 2013 年

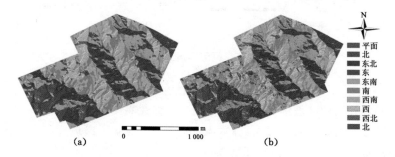

(a)　　　　　　　　　　　　　　　(b)

图 5-9　实验区 2.5 m 与 2 m 分辨率 DEM 坡向图

(a) 1975 年;(b) 2016 年

分别统计实验区坡向分布及百分比,结果见图 5-10。

由图 5-10(a)可以看出,实验区 5 m 分辨率 DEM 所提取坡向因子在平坡、北向和东南向这三个方向随时相不同分异较大,其他方向相对分异较小。而由图 5-10(b)可以看出,实验区 2 m 分辨率 DEM 所提取坡向因子在平坡、东向与南向这三个方向随时相不同分异较大,其他方向相对分异较小,其中平坡相异最大。

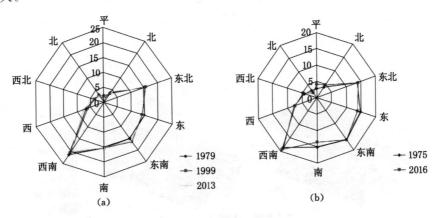

图 5-10　坡向分布百分比统计对比图

(a) 5 m 尺度;(b) 2 m 尺度

5.2.3　地势起伏度分析

以 7×7 单元进行实验区两类 DEM 数据的地势起伏度提取,并将实验区地势起伏度划分为六级(表 5-2)(张明媚 等,2019),提取结果见图 5-11、图 5-12。

表 5-2　实验区地势起伏度等级划分表　　　　　　单位:m

地势起伏度	微起伏	小起伏	中起伏	大起伏	较大起伏	极大起伏
	0~5	5~10	10~15	15~20	20~25	>25

分别统计实验区地势起伏度分布范围及百分比,结果见图 5-13。

由图 5-13(a)可以看出,5 m 分辨率 DEM 所提取地势起伏度因子显示实验区以高起伏为主,其中,0~5 m 区间占比最小,而 15~20 m 区间占比最大。而由图 5-13(b)可以看出,2 m 分辨率 DEM 所提取地势起伏度因子显示实验区以低起伏为主,其中,25 m 以上起伏区间占比最小,而 5~10 m 区间占比最大。

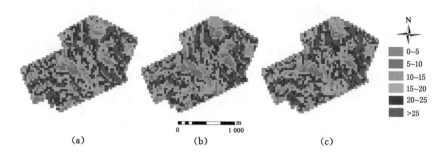

图 5-11　实验区 5 m 分辨率 DEM 地势起伏度图

(a) 1979 年;(b) 1999 年;(c) 2013 年

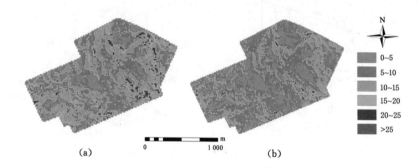

图 5-12　实验区 2.5 m 与 2 m 分辨率 DEM 地势起伏度图

(a) 1975 年;(b) 2016 年

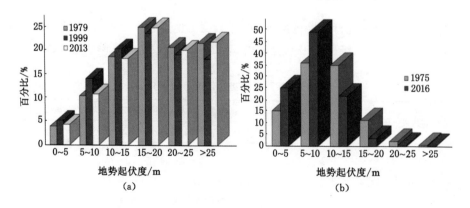

图 5-13　地势起伏度分布百分比统计对比图

(a) 5 m 尺度;(b) 2 m 尺度

结合前述坡度分析,区内高大陡坡极少,坡度主要集中在 15°~45°这个区间,同时,实验区内的微地貌系统以人工地貌占主导,而人工地貌多以人工剥蚀降低坡度为主。因此,实验区地势起伏度在小范围内应以小等级为主。

5.2.4　地面曲率分析

将实验区地面曲率分为四级(表 5-3),提取结果见图 5-14、图 5-15。

表 5-3　实验区地面曲率等级划分表　　　　　　　单位:m

地面曲率	凹形坡	凹形坡	凸形坡	凸形坡
	<-4	$-4\sim0$	$0\sim4$	>4

图 5-14　实验区 5 m 分辨率 DEM 地面曲率图

(a) 1979 年;(b) 1999 年;(c) 2013 年

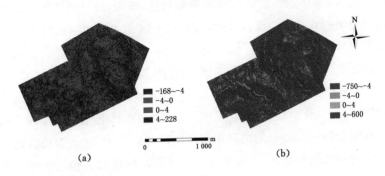

图 5-15　实验区 2.5 m 与 2 m 分辨率 DEM 地面曲率图

(a) 1975 年;(b) 2016 年

分别统计实验区地面曲率分布范围及百分比,结果见图 5-16。

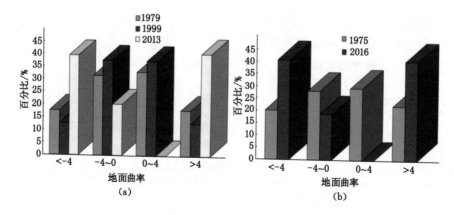

图 5-16   地面曲率分布百分比统计对比图
(a) 5 m 尺度；(b) 2 m 尺度

由图 5-16(a)可以看出，5 m 分辨率 DEM 所提取实验区地面曲率因子分异较大，1979 年、1999 年 DEM 提取地面曲率值主要集中在(−4～0)、(0～4)这两个区间，而 2013 年相反，这两个区间分布较少。图 5-16(b)显示 2 m 分辨率 DEM 所提取实验区地面曲率因子也具有同样的特征，即这两个时间段实验区地面曲率主要反映在(−4～0)、(0～4)区间，而当前地貌则主要集中反映在(＜−4)、(＞4)这两个区间，地面曲率特征随 DEM 时相而呈现分异。

5.2.5   地形因子时空分异特征分析

依据实验区两种尺度 DEM 数据所提取坡度、坡向、地势起伏度与地面曲率四种地形因子所占百分比的统计结果，实验区多时相、多尺度 DEM 数据提取地形因子时空分异特征如下：

(1) 对比图 5-7(a)与图 5-7(b)的统计结果，可以看出，5 m 尺度 DEM 与 2 m 尺度 DEM 数据所提取的坡度占比在(0～15°)和(45°～70°)区间表现趋势一致，但在其他区间统计结果相异，表现出不同尺度 DEM 数据对坡度因子的响应分异。但从图 5-7(b)所统计的结果中出现陡崖可以看出，这与实验区内的人工地貌和灾害地貌发展相吻合，表明 2 m 尺度 DEM 数据对实验区微地形坡度特征表现较 5 m 尺度 DEM 数据更有效。

(2) 对比图 5-10(a)与图 5-10(b)可以看出，5 m 尺度 DEM 数据在西向变动较大时，2 m 尺度 DEM 数据在西向表现稳定，而 2 m 尺度 DEM 数据在南向变动较大时，5 m 尺度 DEM 数据在南向表现稳定，充分显示出 DEM 数据尺度不同带来坡向因子结果分异现象,DEM 数据尺度效应明显。同时随时间而显现的不同坡向特征变异表明时间尺度对 DEM 坡度提取的影响。相比较图 5-10(a)与 5-10(b)的演变结果及分析,2 m 尺度 DEM 数据在实验区微地形坡向特征的表现上较 5 m 尺度 DEM 数据更有效。

(3) 对比图 5-13(a)与图 5-13(b)可知,相近时相的不同尺度 DEM 所提取地势起伏度在低起伏度表现相近,但高起伏段特征相异,而相同尺度的不同时相 DEM 所提取地势起伏度特征具有相近的趋势,但分布表现相异,尤其是 2 m 分辨率 DEM 表现分异明显,波峰更陡,显示出地势起伏度因子随 DEM 数据时空分异特征明显。同时,图 5-13(a)与图 5-13(b)结果分异,而图 5-13(b)与实验区地貌特征符合度较高。因此,2 m 尺度 DEM 数据在实验区微地形地势起伏度特征的表现上较 5 m 尺度 DEM 数据更有效。

(4) 对比图 5-16(a)与图 5-16(b)可知,相近时相的不同尺度 DEM 所提取地面曲率具有相近的特征,而相同尺度的不同时相 DEM 所提取地面曲率特征相异,显示出地面曲率因子随 DEM 数据时空特征分异明显。同时,图 5-16(a)与图 5-16(b)的结果对比表明,2 m 尺度 DEM 数据在实验区微地形地面曲率特征的表现上与 5 m 尺度 DEM 数据相一致。

以多时相、多尺度 DEM 提取地形因子对比分析,其中,坡度、坡向随时相变化而有所变化,地势起伏度与地面曲率则变化较为明显,导致地形因子提取随 DEM 数据时相、尺度不同而结果相异。因此,相关研究中应考虑 DEM 数据地形因子提取时空分异特征,以更可靠地提供数字地形特征因子数据。

5.3　多尺度 DEM 提取地形因子的不确定性

不同尺度的 DEM 数据与所提取地形因子之间的不确定性一直是数字地貌研究者关注的问题之一,研究中选取大尺度的 DEM 数据,意味着可以更好地模拟地形地貌,然而数据获取成本高,尽管 LIDAR 技术的推进使得高精度 DEM 获取在技术上变得简单,但对于大范围的数字地形模拟其获取费用仍然是高不可及。同时,大尺度的数据处理对计算机的计算能力要求较高,如何满足应用精度要求又顾及成本与计算机处理能力,是数字地貌研究者必须面对并解决的问题。

针对 DEM 提取地形因子的不确定性,不同的学者从坡度(汤国安 等,2003;刘学军 等,2004;陈楠 等,2006)、地势起伏度(涂汉明 等,1990;王让虎等,2016;陈学兄 等,2016;杨艳林 等,2018)等方面开展了研究,以不同分辨率的 DEM 提取地面坡度,以不同的分析窗口提取地势起伏度等,对比精度变化趋势,寻找 DEM 最佳地形因子提取尺度。

尽管 5.2 节的分析已经从高分辨率 DEM 数据角度说明了尺度对地形因子提取的影响这个问题,但高分辨率 DEM 数据获取困难,可以公开获取得到的 DEM 数据分辨率又偏低,其提取地形因子随分辨率变化影响如何,是后续研究中地形因子提取对应 DEM 尺度的重要参考依据。同时,在 5.2 节中地势起伏度提取选择了经验性质的 7×7 窗口进行,显然具有一定的主观性,可靠性不足。因此,本节针对研究区 ASTER GDEM 数据提取地形因子的不确定性进行研究分析。

以研究区 32.65 m 原始 DEM 为基准数据(基本信息见表5-4),以 30 m 为尺度变幅,重采样得到研究区 5 m、12.5 m、25 m、30 m、60 m、90 m、120 m、150 m、180 m、210 m、240 m、270 m、300 m、330 m、360 m、390 m、420 m 和 450 m 尺度 DEM,共 18 个尺度级,分别进行了坡度提取。同时,利用邻域分析法提取研究区不同面积单元的地势起伏度,提取单元分别为 30 m 分辨率 DEM 数据网格的 2×2、3×3、4×4、5×5、…、25×25,对应的提取单元面积(单位:10^3 m^2)分别为:3.6、8.1、15.4、22.5、32.4、45.1、57.6、72.9、90.0、108.9、129.6、152.1、176.4、202.5、230.4、260.1、291.6、324.9、360.0、396.9、435.6、476.1、518.4、562.5,共 24 个面积单元。

表 5-4　研究区主要地形参数及信息源精度

研究区		数值	备注
地形参数	面积/km²	441.063	
	平均高程/m	1 183.419	
	地面坡度均值/(°)	17.55	
	河网密度/(km/ km²)	0.47	
地形参数	地面粗糙度均值	1.066	
	地面曲率均值/(°)	−9.258	
重采样后 30 m 分辨率 DEM 精度	中误差(RMSE)/m	22.723	整体表述全区 DEM 高程精度
	标准差(SD)/m	22.691	表述全区 DEM 高程误差的离散程度
	平均误差(ME)/m	−4.954	表述全区 DEM 高程误差的中值情况
	平均绝对误差(MAE)/m	17.067	表述全区 DEM 高程误差的实际情况

DEM 分辨率对地形因子提取显然有重要影响,对研究区 32.65 m DEM 重采样后所提取的平均坡度和以 30 m DEM 为基础提取的平均地势起伏度进行统计(表 5-5、表 5-6)。

表 5-5 不同分辨率 DEM 与平均坡度之间的关系

DEM 分辨率/m	平均坡度变幅/(°)		备注	DEM 分辨率/m	平均坡度变幅/(°)		备注
	平均坡度/(°)	变化值/(°)			平均坡度/(°)	变化值/(°)	
5	18.42	−0.35		210	9.79	0.82	
12.5	18.07	−0.64		240	9.13	0.66	
25	17.43	0.12		270	8.53	0.60	
30	17.55	0.09		300	8.04	0.49	
32.65	17.64	—	基准值	330	7.62	0.42	
60	15.61	2.03		360	7.28	0.34	
90	13.98	1.63		390	6.90	0.38	
120	12.63	1.35		420	6.61	0.29	
150	11.52	1.11		450	6.25	0.36	
180	10.61	0.91		—	—	—	

表 5-6 研究区不同统计单元与平均地势起伏度之间的关系

单元大小	面积/m²	平均地势起伏度/m		单元大小	面积/m²	平均地势起伏度/m	
		原始数据/m	变化值/m			原始数据/m	变化值/m
2×2	3 600	13.53	—	14×14	176 400	119.66	6.25
3×3	8 100	26.16	12.63	15×15	202 500	125.63	5.97
4×4	14 400	37.85	11.69	16×16	230 400	131.32	5.69
5×5	22 500	48.66	10.81	17×17	260 100	136.79	5.47
6×6	32 400	58.68	10.02	18×18	291 600	142.02	5.23
7×7	44 100	68.01	9.33	19×19	324 900	147.08	5.06
8×8	57 600	76.74	8.73	20×20	360 000	151.94	4.86
9×9	72 900	84.93	8.19	21×21	396 900	156.64	4.70
10×10	90 000	92.64	7.71	22×22	435 600	161.18	4.54
11×11	108 900	99.94	7.30	23×23	476 100	165.58	4.40
12×12	129 600	106.85	6.91	24×24	518 400	169.82	4.24
13×13	152 100	113.41	6.56	25×25	562 500	173.96	4.14

由图 5-17 可以看出,重采样 DEM 分辨率高于原始 DEM 分辨率时,研究区平均坡度随分辨率提高先缓慢降低再升高,变幅较小,曲线平缓。随着 DEM 分辨率降低,研究区平均坡度呈现下降趋势,在 150 m 分辨率以后降幅逐渐缩小,表现为 DEM 分辨率的提高对研究区地表坡度有抬升作用,而降低对研究区地表坡度有压平作用,体现为丘陵升山地,而高山变缓丘,从而导致数字地形分析失真,也导致基于数字地形分析的研究区地质灾害发育与地貌关系失真。同时,DEM 分辨率在 32.65 m 以内时,平均坡度与基准值之间的累计变化值较小,但在 32.65 m 以上则快速增加。

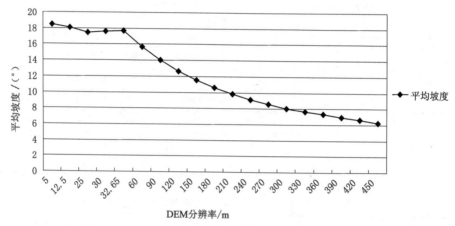

图 5-17 研究区多尺度 DEM 与平均坡度关系图

以 DEM 重采样后分辨率为横坐标,相应的平均坡度统计值为纵坐标,对坡度随 DEM 分辨率的变化情况进行拟合。通过分析发现,坡度与 DEM 分辨率之间存在显著的指数关系,如图 5-18 所示。

对于不同分辨率 DEM 与所提取平均坡度之间的关系,通过指数方程进行拟合,得到拟合曲线方程,通过统计学检验,拟合效果良好,拟合方程为:

$$y = 17.773e^{-0.002\,5x}(R^2 = 0.980\,9) \tag{5-1}$$

式中,y 为平均坡度;x 为 DEM 分辨率。

由图 5-18 可以看出,研究区内平均坡度随 DEM 分辨率的降低而降低,当 DEM 分辨率降低到一定数值后,降低速度逐渐变缓,最后近似趋于平稳。

由图 5-19 可以看出,随着提取地势起伏度的统计单元增大,研究区平均地势起伏度呈现上升趋势,从最小的 13.53 m 上升到 173.96 m,这对分析研究区地质灾害发育与地形起伏之间的关系带来影响,究竟哪个尺度的分析窗口是最

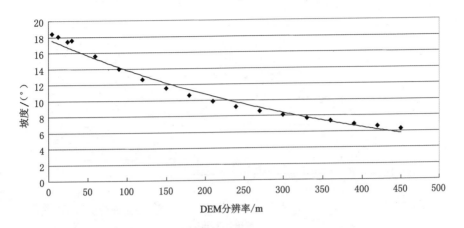

图 5-18　坡度与 DEM 分辨率对应关系拟合曲线

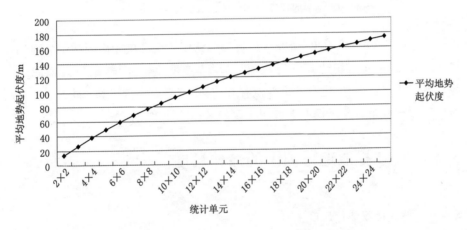

图 5-19　研究区不同统计单元与平均地势起伏度关系图

佳窗口,可以客观地表征区域地势起伏度与地质灾害发育之间的关系,应对此加以分析。

　　以统计单元面积为横坐标,相应的平均地势起伏度计算值为纵坐标,对地势起伏度随统计单元面积的变化情况进行拟合。通过分析发现,地势起伏度与统计单元面积之间存在显著的对数变化关系,如图 5-20 所示。

　　对于不同统计单元面积所提取地势起伏度之间的关系,通过对数方程进行拟合,得到拟合曲线方程,通过统计学检验,拟合效果良好,拟合方程为:

$$y = 34.097\ln(x) - 52.509 \quad (R^2 = 0.972\,9) \tag{5-2}$$

式中,y 为平均地势起伏度;x 为统计单元面积。

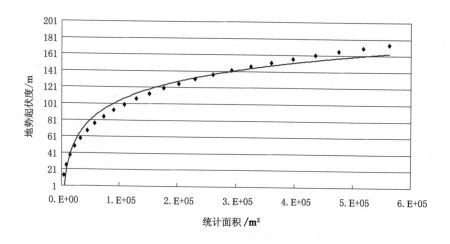

图 5-20　地势起伏度与统计单元面积对应关系拟合曲线

通过图 5-20 可以看出,研究区内地势起伏度随统计单元面积的增大而迅速增大,当统计单元面积达到一定数值后,增大速度逐渐变缓,最后近似趋于平稳。从变化趋势来看,应有一个变点存在,过了变点后增速变缓,而这个变点所对应的面积就是研究区提取地势起伏度的最佳统计单元面积。

5.4　DEM 提取地形因子的最佳尺度

5.4.1　坡度提取最佳尺度

坡度提取随 DEM 尺度不同而结果不同,在地质灾害发育与地形因子关系分析中是否存在最佳坡度提取尺度的 DEM,首先需要判断原始 DEM 在重采样为不同分辨率时是否会有精度的提高。

通过对 DEM 提取坡度原理的分析可知,采用地面实测坡度值方法进行重采样 DEM 提取坡度精度评价是不科学的,因为采用 DEM 作地形因子分析,坡度因子计算中多引入相邻像元参与计算,此时坡度值是一个数字计算值,已失去原有的地貌学意义(Tang G A,2000)。而地面实测则以点开展实际测量工作,坡度值则是一个实际测量的结果,这两种方法和所得到的坡度值之间存在本质的区别。实测中在每一个点上又存在测量方法、测量设备、测量环境、点位选择等影响,存在测量结果的自身不确定性,两种坡度数据之间尽管存在映射关系,但却难以直接进行对比。

DEM 提取坡度最佳尺度研究已取得不少成果;包括坡度中误差法(何政伟等,2010)、公式法(李军 等,2003)、回归分析模拟方程(汤国安 等,2005)。其中,坡度中误差法以较大分辨率 DEM 计算坡度中误差,然后将 DEM 格网分辨率逐步降低,每降低一次,计算一次降幅后 DEM 的坡度中误差,最后以所有递减后的 DEM 分辨率为横轴,以计算得到的每种分辨率 DEM 坡度中误差为纵轴,做出坡度中误差随 DEM 分辨率变化的趋势图(张彩霞 等,2006)。如果从某个分辨率开始,坡度中误差趋于稳定,则该拐点所对应的分辨率即为最佳分辨率。坡度中误差可利用 ANUDEM 软件生成 DEM 时自动存储在计算机系统的运行记录 log 文件获取(何政伟 等,2010)。

(1) 坡度中误差法 DEM 提取坡度最佳尺度分析

受实验条件限制,无 ANUDEM 软件计算 DEM 坡度中误差,然而公式法与回归模拟分析法又具有地域限制性(何政伟 等,2010)。因此,在研究区内随机生成 390 个地面坡度提取结果验证点,利用 ArcGIS 分别提取不同分辨率 DEM 验证点的地面坡度值,以 32.65 m 分辨率原始 DEM 提取的地面坡度值为真值,测定其他分辨率 DEM 提取地面坡度的中误差代替 ANUDEM 软件所计算 DEM 的坡度中误差,采用坡度中误差法思想进行 DEM 提取坡度最佳尺度分析,统计结果见表 5-7。

表 5-7   不同分辨率 DEM 提取地面坡度中误差结果统计

DEM 分辨率/m	中误差/(°)	DEM 分辨率/m	中误差/(°)
5	4.731	210	10.818
12.5	3.781	240	11.218
25	3.341	270	11.736
30	3.499	300	12.123
60	5.477	330	12.387
90	7.256	360	12.460
120	8.180	390	13.015
150	9.218	420	13.039
180	10.002	450	13.140

当栅格分辨率在 30 m 以内时,多尺度 DEM 数据提取地面坡度的中误差相

对较小,但在 30 m 以上时中误差则急剧增长,至 210 m 后趋于平稳,与地面平均坡度变化趋势相吻合。

由图 5-21 可以看出,研究区 32.65 m 分辨率 DEM 数据在重采样为不同分辨率后其地面坡度发生了很大变化,在 30 m 以内时变化较缓,并未因分辨率提升而坡度提取精度提升,30 m 以上时则急剧变大,变化较大,表现为坡度提取精度随 DEM 分辨率降低而降低。所以,不同尺度 DEM 对同一点坡度提取影响较大,原始数据采用重采样方法改变 DEM 分辨率对坡度提取不能带来精度的提升。同时,对照图 5-21 可知,平均坡度值以 30 m 分辨率 DEM 为变化分界线。因此,坡度提取采用 30 m 分辨率为最佳尺度。

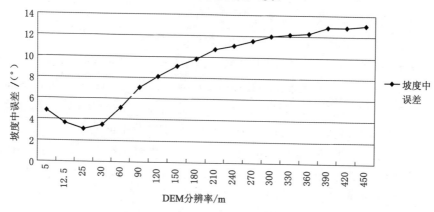

图 5-21 研究区 DEM 尺度与坡度提取中误差统计图

(2) 基于斜坡灾害分布的 DEM 提取坡度最佳尺度分析

本次研究中提取坡度的出发点是探索研究区斜坡灾害发育与地形因子之间的关系,仅从坡度自身多尺度 DEM 提取精度探究其最佳尺度并不全面,应继续从多尺度 DEM 提取坡度分级与斜坡灾害发育空间分布之间的关系来探讨。

将研究区地面坡度划分为 6 个等级,分别为:0～5°、5°～15°、15°～25°、25°～35°、35°～55°、>55°,叠加研究区内发育斜坡灾害点进行空间分析,不同尺度 DEM 所提取坡度分级与斜坡灾害发育空间分布之间的关系统计见图 5-22。

图 5-22 显示,在 0～5°坡度区间,斜坡灾害分布数量随 DEM 分辨率降低呈现上升趋势,60 m 分辨率为变幅临界点;在 5°～15°坡度区间,斜坡灾害分布数量随 DEM 分辨率降低呈现上升趋势,30 m 分辨率为上升变幅临界点,至 240 m 分辨率达到最大值,之后逐渐下降,240 m 分辨率为下降变幅临界点;在 15°～25°坡度区间,斜坡灾害分布数量随 DEM 分辨率降低呈现上升趋势,25 m 分辨

率为上升变幅临界点,至 90 m 分辨率达到最大值,之后快速下降至 240 m 分辨率后趋于平缓,90 m 分辨率为下降变幅临界点;在 25°~35°坡度区间,斜坡灾害分布数量随 DEM 分辨率降低呈现下降趋势,30 m 分辨率为下降变幅临界点,至 90 m 分辨率后下降趋于平缓;在 35°~55°坡度区间,斜坡灾害分布数量随 DEM 分辨率降低呈现下降趋势,30 m 分辨率为下降变幅临界点,至 90 m 分辨率后灾害点分布数量为 0;在>55°坡度区间,仅在 5 m、12.5 m 两个尺度上各分布有一个灾害点,其他尺度均统计为 0。

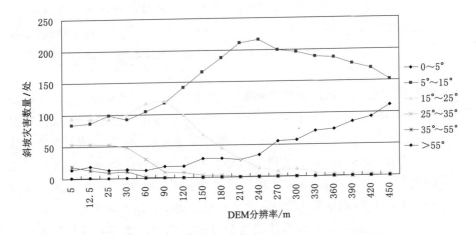

图 5-22　研究区斜坡灾害发育数量与不同尺度 DEM 提取坡度分级对比图

综合上述分析及图 5-22 可以看出,不同尺度 DEM 所提取坡度分级与斜坡灾害空间分布之间在统计上存在三个临界点,分别为 30 m、90 m 和 240 m。在 30 m 分辨率以内时,各尺度 DEM 所提取坡度分级内分布灾害点数量统计趋势表现一致,30 m 后则分异较大。分析如下:

① 30~90 m 为第一分异段,表现为坡度较小区间内斜坡灾害分布数量的快速增长,及坡度较大区间内斜坡灾害分布数量的减少。

② 90~240 m 为第二分异段,表现为 0~5°和 5°~15°坡度区间内斜坡灾害分布数量的继续增长,而 15°~25°坡度区间内斜坡灾害分布数量快速减少。

③ 240 m 以后则为第三分异段,5°~15°坡度区间内斜坡灾害分布数量逐渐减少,而 0~5°坡度区间内斜坡灾害分布数量则继续增长。

④ 在 6 个坡度分级区间内,0~5°坡度区间内斜坡灾害分布数量随 DEM 分辨率降低呈现单方向增长趋势,与其他坡度区间统计趋势分异较大。

综上分析,30 m分辨率为多尺度DEM提取坡度分级与斜坡灾害空间分布统计的趋势变异点,因此,选取30 m分辨率DEM为研究区坡度提取的最佳尺度,这与多尺度平均坡度、多尺度坡度提取精度分析结果一致。

5.4.2 地势起伏度提取最佳尺度

按照地貌发育的基本理论,一种地貌类型存在一个使最大高差达到相对稳定的最佳分析区域,传统方法利用栅格窗口的递增来寻找最佳的分析窗口(汤国安 等,2005),这是地貌分析中地势起伏度计算的最佳统计单元思路,即随着统计单元半径的增大,地势起伏度随之变化,到达某一临界点后趋于稳定,临界点即为地势起伏度的最佳统计单元,也是真实反映地形起伏的DEM地势起伏度提取单位面积。

相比较区域地貌研究中最佳地势起伏度统计单元提取研究,郭芳芳等(2008)以地势起伏度分析在区域斜坡灾害评价中的应用为出发点,寻找反映斜坡点对应的真实地势起伏度单元,通过不同统计单元地势起伏度值与斜坡个数统计曲线峰值分布分析,确定了研究区地形起伏度最佳统计单元为2 km×2 km,即统计单元面积为4 km²。主要针对斜坡灾害提取展开研究,地势起伏度为重要的地形因子,重点关注的是研究区地势起伏度与斜坡灾害发育之间的关系,因此需要寻找能反映地势起伏度与斜坡灾害发育之间关系的最佳统计单元,而不是数字地貌研究中区域地势起伏度计算中的最佳统计单元。因此与郭芳芳等研究者的研究目的相似,以地势起伏度值、斜坡灾害数量的统计曲线为参考开展地势起伏度最佳统计单元研究对本书具有参考意义。

以500 m为临界值,将研究区地势起伏度按照20 m等间隔进行划分,共划分为25个等级,分别为:(0~20)、(20~40)、(40~60)、…、(460~480)、(480~500),叠加研究区内发育斜坡灾害点进行空间分析,不同统计单元所提取地势起伏度分级与斜坡灾害发育空间分布之间的关系统计见图5-23。

由图5-23可以看出,每一种统计单元都有一个斜坡灾害发育的峰值区间,随着统计单元的增大,峰值逐渐减小,到达某一个临界值后峰值衰减趋于稳定。

对不同统计单元的平均地势起伏度、不同统计单元地势起伏度分级中的斜坡灾害峰值、地势起伏度峰值进行统计,如图5-24所示。

目前,最佳地势起伏度统计单元的寻找一部分依赖人工判断,以平均地势起伏度随统计单元面积变化的转折点作为最佳统计单元面积,也就是人工判断

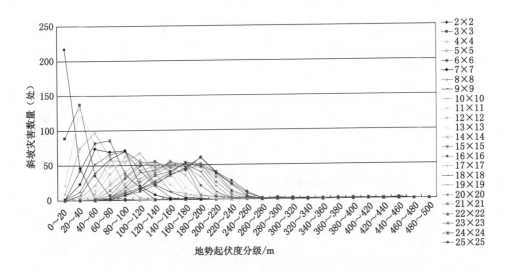

图 5-23　不同统计单元地势起伏度分级与斜坡灾害数量统计图

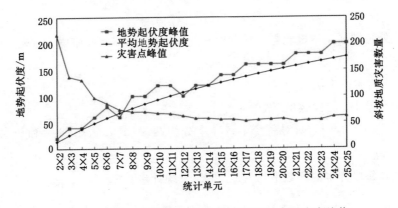

图 5-24　平均地势起伏度、地势起伏度峰值、斜坡灾害峰值
与统计单元关系图

曲线上由陡变缓的位置,这种判断方法显然主观性强,客观性不足,理论不够严密。随着最佳地势起伏度统计单元研究工作的深入(韩海辉 等,2012),统计学领域的均值变点法逐渐被采用,作为计算曲线上由陡变缓的点位的客观方法。

均值变点法的原理及步骤如下(项静恬,1997):

① 检验是否存在变点,即检验原假设 H_0:不存在变点,若 H_0 被接受,则该数据序列没有变点;

② 若 H_0 被否定,则假设该序列中至多存在 q 个变点,对变点 $m_1,m_2,\cdots,$ m_q 进行估计;

③ 估计变点个数;

④ 估计变点处均值的跳跃度。

在实际估计中,如果先验知识足以肯定序列中变点的存在,则可跳过步骤 ①而直接进入后几步。

(1) 模型和原假设 H_0

均值变点问题的离散数据模型为:

设 $x_t = a_t + e_t, t = 1, 2, \cdots, N$

$$a_1 = \cdots = a_{m_1-1} = b_1, a_{m_1} = \cdots = a_{m_2-1} = b_2, \cdots, a_{m_q} = \cdots = a_N = b_{q+1}$$

$$(5-3)$$

式中,$1 < m_1 < m_2 < \cdots < m_q \leqslant N$,如果 $b_{j+1} \neq b_j$,则 m_j 就是一个变点,随机误差 $e_1, e_2, \cdots, e_N$ 假定为独立等方差 σ^2,且有期望值 0。则变点有无的检验为:

$$H_0 : b_1 = b_2 = \cdots = b_{q+1}$$

此处特别强调本检验与多样本检验的差别之处,即此检验中 $m_1, m_2, \cdots, m_q$ 为未知。

(2) 检验的方法与步骤

原假设 H_0 的检验步骤如下:

① 令 $i = 2, \cdots, N$,对每个 i 将样本分为两段:$x_1, x_2, \cdots, x_{i-1}$ 和 $x_i, x_{i+1},$ $\cdots, x_N$

计算每段样本的算数平均值 $\overline{X}_{i1}$ 和 $\overline{X}_{i2}$ 及统计量:

$$S_i = \sum_{t=1}^{i-1} (x_t - \overline{X}_{i1})^2 + \sum_{t=i}^{N} (x_t - \overline{X}_{i2})^2 \qquad (5-4)$$

② 计算统计量

$$\overline{X} = \sum_{t=1}^{N} x_t / N \qquad (5-5)$$

$$S = \sum_{t=1}^{N} (x_t - \overline{X})^2 \qquad (5-6)$$

③ 计算期望值

$$E(S - S_i), i = 2, 3, \cdots, N \qquad (5-7)$$

$$E(S - S_i) = E(N^{-1}(i-1)(N-i+1)(\overline{X}_{i1} - \overline{X}_{i2})^2)$$

$$= \sigma^2 + N^{-1}(i-1)(N-i+1)(^E \overline{X}_{i1} - E \overline{X}_{i2})^2 \quad (5\text{-}8)$$

④ 求极大值

$$E(S-S^*) = \max_{2 \leqslant i \leqslant N} E(S-S_i) \quad (5\text{-}9)$$

在平均意义下认为

$$S^* = \min(S_2, \cdots, S_N) \quad (5\text{-}10)$$

⑤ 取检验显著性水平为 α，计算 C 值：

$$C = \sigma^2(2\lg\lg N + \lg\lg\lg N - \lg \pi - 2\lg(-0.5\lg(1-\alpha))) \quad (5\text{-}11)$$

式中 σ^2 如果未知，则用下面估计来替代：

$$\overset{\cdot}{\sigma}{}^2 = S^*/(N - 2\lg\lg N - \lg\lg\lg N - 2.4) \quad (5\text{-}12)$$

⑥ 如果 $S-S^* > C$，则否定 H_0，认为无变点，否则接受 H_0。

平均来说，如果序列中存在变点，则 S 和 S_i 的差距会因变点存在而增大，所以均值变点法原理明确，操作简单。同时，均值变点法对只有一个变点的检验最为有效，存在多个变点时有可能因为均值多次升降而抵消了 S 和 S_i 之间的差距。

分别构建样本序列，利用均值变点法公式编制 EXCEL 程序，计算样本序列的统计量 S 和 S_i，构建 S 与 S_i 差值的变化拟合曲线。其中，平均地势起伏度样本序列 S 的值为 16.994，S 与 S_i 差值的变化曲线见图 5-25(a)。地势起伏度峰值样本序列 S 的值为 20.130，S 与 S_i 差值的变化曲线见图 5-25(b)。斜坡灾害峰值样本序列 S 的值为 89.359，S 与 S_i 差值的变化拟合曲线见图 5-25(c)。

由图 5-25(a)可以明显看出，在 i 为 11 的点位处 S 与 S_i 差值达到最大，这一点即为变点，而这个点对应的统计单元为 12×12 网格。因此，通过平均地势起伏度以均值变点法来分析得到研究区的最佳地势起伏度提取单元为 12×12 网格，最佳统计面积为 0.129 6 km²。

由图 5-25(b)可以明显看出，在 i 为 11 的点位处 S 与 S_i 差值达到最大，这一点即为变点，而这个点对应的统计单元为 12×12 网格。因此，通过地势起伏度峰值以均值变点法来分析得到研究区的最佳地势起伏度提取单元为 12×12 网格，最佳统计面积为 0.129 6 km²。

由图 5-25(c)可以明显看出，在 i 为 8 的点位处 S 与 S_i 差值达到最大，这一点即为变点，而这个点对应的统计单元为 9×9 网格。因此，通过斜坡灾害峰值以均值变点法来分析得到研究区的最佳地势起伏度提取单元为 9×9 网格，最

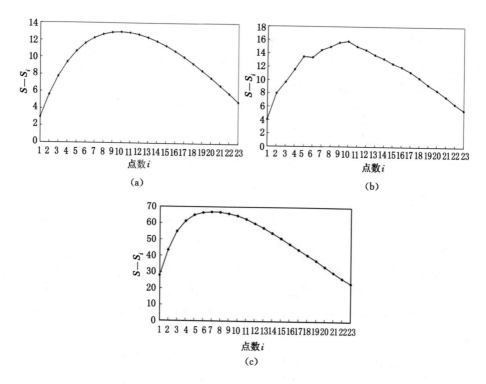

图 5-25 S 与 S_i 差值的变化曲线

(a) 平均地势起伏度;(b) 地势起伏度峰值;(c) 斜坡灾害峰值

佳统计面积为 0.072 9 km^2。

对比上述三种样本序列所计算得到的最佳地势起伏度提取单元,使用平均地势起伏度和地势起伏度峰值样本序列计算结果一致,均为 12×12 网格,而斜坡灾害峰值样本序列计算结果则为 9×9 网格。作为区域地貌特征因子,平均地势起伏度演变较小,而斜坡灾害演变频繁。因此,从研究区数字地貌分析角度来看,基于平均地势起伏度所计算的最佳提取单元更合理,而从地质灾害发育分析来看,基于斜坡灾害峰值所计算的最佳提取单元则更合理。综合三种样本序列计算结果,多特征组合地形因子中地势起伏度提取最佳窗口选择 12×12 网格,而斜坡灾害敏感性评价中的地势起伏度因子则选择 9×9 网格作为最佳提取单元。

表 5-8　均值变点法分析统计结果

基于平均地势起伏度的均值变点法分析统计结果				基于地势起伏度峰值的均值变点法分析统计结果				基于斜坡灾害峰值的均值变点法分析统计结果			
i	$S-S_i$	i	$S-S_i$	i	$S-S_i$	i	$S-S_i$	i	$S-S_i$	i	$S-S_i$
2	2.952	14	12.292	2	4.043	14	13.803	2	27.796	14	57.207
3	5.602	15	11.853	3	7.962	15	13.273	3	43.397	15	54.123
4	7.732	16	11.325	4	9.658	16	12.527	4	54.896	16	50.954
5	9.392	17	10.718	5	11.566	17	11.977	5	61.163	17	47.419
6	10.657	18	10.039	6	13.489	18	11.251	6	64.913	18	44.028
7	11.592	19	9.299	7	13.385	19	10.368	7	66.419	19	40.681
8	12.249	20	8.501	8	14.489	20	9.348	8	66.804	20	37.383
9	12.674	21	7.652	9	14.978	21	8.503	9	66.669	21	33.622
10	12.898	22	6.757	10	15.619	22	7.541	10	65.814	22	30.011
11	12.951	23	5.821	11	15.820	23	6.474	11	64.542	23	26.462
12	12.856	24	4.847	12	15.048	24	5.555	12	62.614	24	23.303
13	12.631	—	—	13	14.558	—	—	13	59.978		

5.5　本章小结

　　本章针对研究区 DEM 数据提取地形因子受时间尺度、分辨率尺度不同而引起的结果分异现象进行了系统性研究。采用实测方式开展了研究区 ASTER GDEM 数据高程精度评价,明确了基础数据可靠性。通过 DEM 地形因子提取时空效应分析表明,DEM 提取地形因子不仅存在尺度分异,还存在时间分异,为开展斜坡灾害地形因子分析提供了基础参考。针对大面积高精度 DEM 数据获取难度大这一现状,开展了 DEM 尺度与平均坡度之间的关系分析,明确了多尺度 DEM 提取地形因子的不确定性,为开展地形因子与斜坡地质灾害关系研究提出了最佳 DEM 分析尺度要求。通过多尺度分析,明确 30 m 分辨率是研究区提取坡度的最佳尺度,12×12 网格是研究区提取地势起伏度的最佳分析窗口,9×9 网格则是研究区斜坡地质灾害敏感性评价研究中提取地势起伏度最佳分析窗口。本章的研究结果可为多特征因子组合提供数字地形特征和敏感性特征获取可靠性支持。

　　研究区 DEM 数据高程精度评价采用实际测量方式进行,尽管检查点基准数据精度高,但这种方法测量成本高、评价效率低。以 LIDAR 为代表的高分辨率 DEM 数据获取技术是目前省级高精度 DEM 数据获取的主要技术手段,今后应尝试采用此数据作为研究用低分辨率 DEM 数据的高程精度评价基准数据。同时,地势起伏度最佳分析窗口研究中采用了常用的均值变点法,而求取变点的方法还有概率变点法和模型变点法,今后应尝试对比这些方法,探索最佳分析窗口确定的数学基础。

第6章　斜坡地质灾害发育敏感性评价

　　斜坡灾害敏感性评价是利用数学语言来表达在给定的地质环境条件下斜坡灾害在空间上发生的概率(Guzzetti et al.,2006)。近年来,国内外学者利用不同的数学模型在不同区域开展了斜坡灾害敏感性评价研究与实践,取得了一定的成果(Chen et al.,2014;Patriche et al.,2016;Achour et al.,2017;Nicu et al.,2018),最常用的评价模型主要包括:层次分析法(Kumar et al.,2016)、逻辑回归模型(Raja,2018)、神经网络法(Pham et al.,2018)、信息量法(Kumar et al.,2019)、决策树(Hong et al.,2016)和支持向量机(Chen et al.,2016)等。同时有诸多学者采用不同的模型进行对比研究,选取最优评价模型和评价结果。这些研究中,对斜坡灾害敏感性评价影响因子选取各有侧重,如何选取适用于研究区域的敏感性评价独立因子序列及评价模型,是决定评价结果可靠性的关键。目前,评价因子相关性分析和模型对比成为开展斜坡灾害敏感性评价研究既常规又实用的方法。首先参考前人研究成果,同时综合考虑研究区域的特殊性(如地下采矿扰动对斜坡灾害发育的影响),选出适合研究区斜坡灾害敏感性评价的影响因子,并对其进行统计分析,然后利用信息量模型和确定性系数模型依次计算各因子的信息量值和确定性系数值,再采用层次分析法、逻辑回归模型分别对各评价因子进行权重大小计算,然后两两方法组合,获得最终斜坡灾害敏感性值,制作研究区斜坡灾害敏感性分区图。最后对评价结果进行精度检验,在模型合格的基础上选最优组合模型作为研究区斜坡灾害敏感性评价模型。同时,评价结果可作为研究区斜坡灾害提取多特征组合中的敏感性特征因子。

6.1　斜坡地质灾害敏感性评价模型及精度检验方法

在过去的二十几年里,学者们提出了许多斜坡灾害敏感性评价模型,假定与已经发生的斜坡灾害环境相似,斜坡灾害的发生与外在条件存在因果关系,则斜坡灾害发生的机率可以被评估(Zhu et al.,2014)。尽管斜坡灾害敏感性的评价方法有定性和定量的区分,但斜坡灾害敏感性评价研究一般遵循以下原则步骤(Süzen et al.,2004):① 绘制现有斜坡灾害分布图;② 创建与斜坡灾害直接或间接相关的影响因子;③ 采用定性或定量的方法评估斜坡灾害发育影响因子的值;④ 将目标区域按照敏感性级别进行制图。

斜坡灾害敏感性评价中的定性方法是基于个人或专家决策的方法(Neaupane et al.,2006)。根据斜坡灾害调查及历史资料,专家决策方法会评估滑坡,决定哪些是影响其发育的主要因素,并将对滑坡有影响的地形地貌因素、地质因素进行排序。常用的定性方法有地形分析法、层次分析法和加权线性组合法等。这些定性或半定量方法的缺点是主观判断的介入影响因素的权重的定量化。定量方法指采用数学模型来估计某一地区发生斜坡灾害的概率,从而在连续的尺度上确定斜坡灾害易发区。为了准确评估斜坡灾害发生的可能性,这类方法采用最近的斜坡灾害调查数据及该区域过去已发生的各类活动数据。定量方法包括频率比、逻辑回归、确定性系数法、神经网络、支持向量机等。相比定性方法,定量方法少一些主观性,但要求高质量和数量的斜坡灾害数据。虽然目前大量使用 GIS 模型和方法来进行斜坡灾害敏感性制图,但尚未就哪种方法最优达成共识。因为定性技术受到部分现象未考虑或者专家决策知识不完备的限制,定量方法受到数据不准确或者精度低的限制(Vahidnia et al.,2010)。

6.1.1　层次分析法(AHP)

层次分析法(AHP)是一种定性与定量相结合的多准则决策方法(Thomas,1977),通过分配不同的权重将复杂问题分解为若干层次和若干因素。可以单独应用层次分析法确定斜坡灾害敏感性分区的划分(Kayastha et al.,2013;杨先全 等,2019;Myronidis et al.,2016;Sharma et al.,2019),也可与其他模型组合开展滑坡灾害的敏感性评价,如确定性系数+层次分析法(杨光 等,2019),层次分析法+模糊集论(Feizizadeh et al.,2014,Biplab et al.,2018)。

采用 AHP 与其他方法的组合,对斜坡灾害敏感性进行分析。AHP 法建立过程如下:

(1)斜坡灾害层次分析模型构建

层次结构分析模型构建是层次分析法的关键,即系统问题被概化后的各概念间的逻辑结构关系,也即确定影响斜坡灾害敏感性的影响因子。

(2)判断矩阵

AHP 方法中,判断矩阵是针对父层某因子,通过比较本层各因子的相对重要性来确定的,具体方法为:设某层有 n 个因素 $X = \{x_1, x_2, x_3, \cdots, x_n\}$,每次取两个因子 x_i 和 x_j 比较,用 a_{ij} 表示其对上一层某因子的影响程度之比,全部比较结果用矩阵 $A = (a_{ij})_{n \times n}$ 表示,则 A 为成对比较判断矩阵,且其为正互反矩阵。标度确定方法见表 6-1。

表 6-1　判断矩阵标度及其含义

标度	含　义
1	两个因子具有相同的重要性
3	一个因子比另一个因子稍微重要
5	一个因子比另一个因子明显重要
7	一个因子比另一个因子强烈重要
9	一个因子比另一个因子极端重要
倒数	因子 x_i 与因子 x_j 相比得 a_{ij},x_j 比 x_i 得 $a_{ij} = 1/a_{ji}$

(3)一致性检验

首先求解判断矩阵 A 的最大特征根 $\lambda_{\max}$,然后对判断矩阵进行一致性检验,即计算一致性指标:

$$CI = \frac{\lambda_{\max} - m}{m - 1} \tag{6-1}$$

式中,$\lambda_{\max}$ 为判断矩阵的最大特征根;m 为判断矩阵的元素个数。当阶数大于 2 时,判断矩阵的一致性指标 CI 与同阶平均随机一致性指标 RI 之比称为随机一致性比率,记为 CR,CR = CI/RI,其中 RI 取值见表 6-2。

表 6-2 判断矩阵的平均随机一致性指标 RI

1	2	3	4	5	6	7	8	9	10	11
0	0	0.58	0.90	1.12	1.24	1.32	1.41	1.45	1.49	1.51

6.1.2 信息量模型(IV)

信息量模型由 Yin 和 Yan 于 1988 年提出,1993 年由 Van Westen 修正,是一种从信息论发展而来的统计分析方法,利用信息量描述影响因子的数量和质量,从而决定地质灾害的发生概率(Singh et al.,2018),在斜坡地质灾害敏感性评价中有大量应用(Bhandary et al.,2013;Bourenane,2015;Wang et al.,2019),计算公式为:

$$I = \sum_{i=1}^{n} I(x_i, H) = \sum_{i=1}^{n} \ln \frac{N_i/N}{S_i/S} \tag{6-2}$$

式中 x_i——评价单元内所取的因子等级;

       $I(x_i, H)$——因子 x_i 对地质灾害所贡献的信息量;

       S——研究区面积;

       S_i——研究区内含有因子 x_i 的面积;

       N——研究区内地质灾害总数;

       N_i——发生地质灾害区域中含有因子 x_i 的数量;

       I——评价单元中的综合信息量;

       n——影响因子数量。

6.1.3 确定性系数模型(CF)

确定性系数模型是一个概率函数,由 Shortliffe 和 Buchanan 于 1975 年提出,1986 年,Heckerman(1986)对该模型进一步改进。确定性系数模型能将不同类型的数据结合起来使用,有效解决了数据输入的异质性和不确定性问题(Qian et al.,2017),在斜坡灾害敏感性评价中应用也较为广泛(Sujatha et al.,2012;Devkota et al.,2013;Liu et al.,2014;Juliev et al.,2019)。确定性系数的计算公式为:

$$\mathrm{CF} = \begin{cases} \dfrac{P_a - P_s}{P_s(1 - P_a)}, P_a < P_s \\[3mm] \dfrac{P_a - P_s}{P_a(1 - P_s)}, P_a \geqslant P_s \end{cases} \tag{6-3}$$

式中　CF——斜坡灾害发生的确定性系数;

　　　P_a——斜坡灾害在因子分类 a 中发生的条件概率,通常用斜坡灾害影响
因子分类 a 中包含的地质灾害个数(或面积)与分类 a 的面积比
值表示;

　　　P_s——整个研究区的灾害总个数(或面积)与研究区总面积的比值。

6.1.4　逻辑回归模型(LR)

逻辑回归模型是二分类因变量常用的统计分析方法。逻辑回归模型应用
方便,求解速度快,可分析离散或连续型斜坡灾害的影响因子变量,分析的变量
可以是非正态分布的数据,其广泛应用于斜坡灾害敏感性评价中(牛全福 等,
2011;冯策 等,2013;Ozdemir et al.,2017)。在斜坡灾害研究中,分别用"1"(发
生斜坡灾害)和"0"(未发生斜坡灾害)表示逻辑回归模型的因变量,斜坡灾害评
价因子为自变量,通过逻辑回归模型分析,可以得到自变量的权重。逻辑回归
模型函数如下式:

$$\begin{cases} P(Y=1 \mid X) = \dfrac{1}{1+\mathrm{e}^{-z}} \\ Z = \beta_0 + \beta_1 x_1 + \beta_2 x_2 + \cdots + \beta_n x_n \end{cases} \tag{6-4}$$

式中　P——斜坡灾害发生概率,取值范围为[0,1];

　　　β_i——逻辑回归系数;

　　　Z——斜坡灾害敏感性函数,基于权重的所有变量之和。

6.1.5　敏感性评价组合模型

斜坡地质灾害敏感性评价中,研究尺度、数据的可靠性以及预测结果的准
确度等因素皆能影响评价效果(邱海军,2012)。单一评价模型往往存在诸多问
题,难以客观、定量、准确地进行区域斜坡地质灾害敏感性评价(岳溪柳 等,
2015;田春山 等,2016;Hyun-Joo et al.,2019)。目前,逻辑回归法、信息量法、
确定性系数法等定量评价方法的组合使用研究较多(许冲 等,2010;方苗 等,
2011;Yang et al.,2015;田春山 等,2016;杜谦 等,2017),在地质灾害敏感性评
价中取得良好效果。

本书选取层次分析法(AHP)、信息量模型(IV)、确定性系数模型(CF)、逻
辑回归模型(LR)四种模型开展组合研究,构建了 4 种组合评价模型:

① 信息量模型＋层次分析法(IV＋AHP);

② 确定性系数模型＋层次分析法(CF＋AHP)；

③ 信息量模型＋逻辑回归模型(IV＋LR)；

④ 确定性系数模型＋逻辑回归模型 (CF＋LR)。

6.1.6 评价因子与精度检验

斜坡地质灾害敏感性评价结果的准确性直接关系到模型的可靠性,通过精度检验,选出适合本研究区域的最优评价模型是开展斜坡灾害敏感性评价研究首要解决的问题。选用目前常用的 ROC 曲线和 AUC 值对分区模型进行检验。其中,ROC 曲线可准确地反映所用分析方法特异性和敏感性的关系,具有很好的实验准确性。AUC 表示 ROC 曲线下的面积,代表斜坡灾害预测的可靠性(Shahabi et al.,2014),其值介于 0～1 之间,是度量评价模型好坏的一个标准,AUC 值越接近 1,说明模型的精度越高。

6.2 斜坡地质灾害敏感性评价因子

以研究区内 2012 年发育的 267 处斜坡灾害点为样本点,同时在 ArcGIS 中随机生成非斜坡灾害样本点 267 处,灾害点与非灾害点之间的距离不小于 150 m。

研究区斜坡灾害敏感性特征包括地形地貌特征(高程、坡度、坡向、地势起伏度、地面曲率)、地质特征(地质构造、地层岩组)、人为动力特征(道路工程扰动、地下采矿扰动)和自然特征(河流水系、植被覆盖)四种,共 11 个影响因子。影响因子获取的基础数据包括:DEM 数据(30 m 分辨率)、遥感影像数据(30 m 分辨率)、1∶2 000 道路图、1∶2 000 水系图、1∶20 万地质图、地下采矿扰动影响区分布图。

以斜坡灾害敏感性特征中的高程、坡度、坡向、地势起伏度、地面曲率、地质构造、地层岩组、道路工程扰动、地下采矿扰动、河流水系和植被覆盖(NDVI)特征因子作为斜坡灾害发育敏感性评价因子序列,在前期研究基础上对研究区斜坡灾害敏感性评价因子进行分级,具体分级指标见表 6-3。基于分级指标,利用 ArcGIS 平台对斜坡灾害点与各评价因子图层(图 6-1)进行叠加分析、缓冲区分析。

表 6-3　研究区斜坡灾害敏感性评价因子指标分级表

分类	评价因子	级数	分级指标	备注
地形 地貌	高程	4	<1 000 m,1 000~1 300 m,1 300~1 500 m, >1 500 m	
	坡度	6	0~5°,5°~15°,15°~25°,25°~35°,35°~55°,>55°	
	坡向	9	平面,北,东北,东,东南,南,西南,西,西北	
	地势起伏度	7	0~20 m,20~50 m,50~75 m,75~100 m,100~ 150 m,150~300 m,300~600 m	9×9 网格 提取
	地面曲率	4	−14~−2,−2~0,0~2,2~15	
地质	地质构造	7	0~200 m,200~400 m,400~600 m,600~800 m, 800~1 000 m,1 000~1 200 m,>1 200 m	距断裂构 造距离
	地层岩组	13	洪积、坡洪积、保德组、石千峰组、上石盒子组三 段、上石盒子组二段、上石盒子组一段、下石盒子 组、山西组、太原组、本溪组、峰峰组、上马家沟组	
人为动力	道路工程扰动	3	0~50 m,50~100 m,>100 m	距道路距离
	地下采矿扰动	3	地下采煤扰动影响区、地下采石膏扰动影响区、非 扰动影响区	
自然因素	河流水系	3	0~50 m,50~100 m,>100 m	距河流距离
	NDVI	4	<0,0~0.1,0.1~0.2,>0.2	

6.2.1　高程

高程作为一个影响因子,与人类活动密切相关,而且影响着植被类型、植被覆盖度等因素,因此高程间接性影响着斜坡灾害的发生,经常用于斜坡灾害敏感性分析中。研究区高程范围 784~1 829 m,将其重分类为<1 000 m、1 000~1 300 m、1 300~1 500 m、>1 500 m 共 4 个等级,叠加斜坡灾害点分析统计结果见图 6-2。可以看出,研究区斜坡灾害主要分布于 1 000~1 300 m 高程区间,斜坡灾害发育数量占总灾害数量的 62.92%。尽管研究区内 1 500 m 以上仅发育 8 处斜坡灾害点,占总灾害数量的 2.99%,但发育密度为 0.68处/km^2,而 1 300~1 500 m 为研究区斜坡灾害发育密度最小的高程区,为 0.37处/km^2。

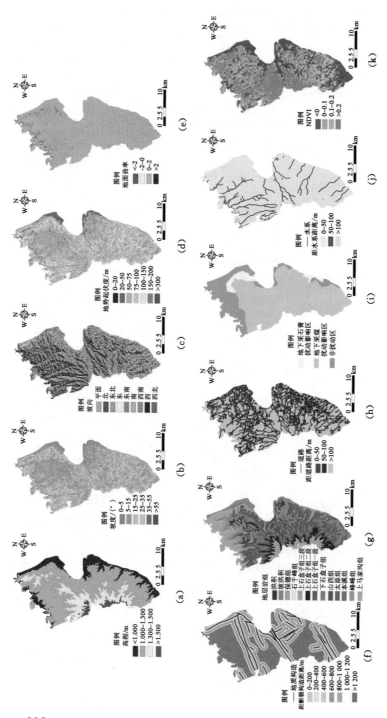

图6-1　研究区斜坡灾害敏感性影响因子

(a) 高程;(b) 坡度;(c) 坡向;(d) 地势起伏度;(e) 地面曲率;(f) 距断裂构造距离;(g) 地层岩组;
(h) 距道路距离;(i) 地下采矿扰动;(j) 距河流距离;(k) NDVI

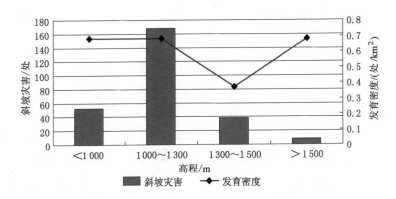

图 6-2　研究区斜坡灾害分布与高程关系图

6.2.2　坡度

坡度是斜坡灾害分析中的一个主要参数,因为坡度对剪应力强度有直接的影响,在几何特征上决定了斜坡的应力及灾害的分布(兰恒星 等,2002)。5.4.1节研究结果表明,研究区最佳坡度提取 DEM 分辨率为 30 m,因此,基于 Arc-GIS 平台以 30 m 分辨率 DEM 提取坡度因子,并将其分为 0°～5°、5°～15°、15°～25°、25°～35°、35°～55°和＞55°共 6 个坡度等级,叠加斜坡灾害点分析统计结果见图 6-3。可以看出,研究区内斜坡灾害主要发育于 5°～15°和 15°～25°之间,发育斜坡灾害数量分别占总灾害数量的 35.58％和 34.46％,而 25°～35°坡度区间斜坡灾害发育密度最大,为 0.75 处/km²。同时,研究区坡度＞55°时无斜坡灾害发育。

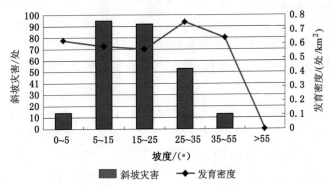

图 6-3　研究区斜坡灾害分布与坡度关系图

6.2.3　坡向

坡向不同导致光照、风的干湿、降雨、植被覆盖和土壤潮湿程度不同,影响土壤强度和边坡稳定性,坡向的连续性亦影响斜坡灾害的发生(解传银,2011)。采用 30 m 分辨率 DEM 提取坡向因子,并将其分为平坡、北向、东北、东向、东南、南向、西南、西向、西北共 9 个方向,叠加斜坡灾害点分析统计结果见图 6-4。可以看出,研究区内斜坡灾害主要发育于南向和西南向,发育斜坡灾害占总灾害数量的 17.23%、14.61%,西向相对较少,发育斜坡灾害占总灾害数量的 8.24%。同时需要注意,研究区在平坡向发育有 2 处灾害点,发育斜坡灾害占总灾害数量的 0.75%,但其发育密度为 1.7 处/km²,远高于其他坡向的发育密度。

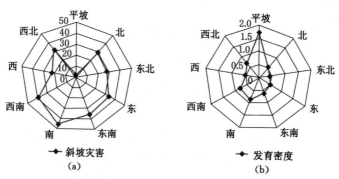

图 6-4　研究区斜坡灾害分布雷达图

(a) 不同坡向斜坡灾害发育数量对比;(b) 不同坡向斜坡灾害发育密度对比

6.2.4　地势起伏度

地势起伏度是反映地形的一个宏观特征因子,它表示在特定的范围内,最高点与最低点之间的高差。采用 9×9 网格提取研究区地势起伏度,并将其分为 0～20 m、20～50 m、50～75 m、75～100 m、100～150 m、150～300 m、300～600 m 共 7 个等级,叠加斜坡灾害点分析统计结果见图 6-5。可以看出,研究区斜坡灾害点主要分布于 75～100 m 和 100～150 m 两个地势起伏区间,发育斜坡灾害分别占总灾害数量的 28.46% 和 44.95%。但 150～300 m 区间斜坡灾害发育密度最大,为 0.68 处/km²,而 20～50 m 区间发育密度较小,仅为 0.12 处/km²。同时,0～20 m 和 300～600 m 区间无斜坡灾害点发育。

6.2.5　地面曲率

地面曲率是地形表面集合形态的基本变量之一(冯杭建 等,2017)。采用

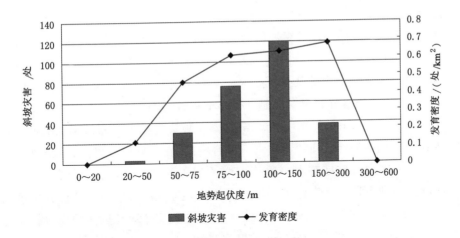

图 6-5 研究区斜坡灾害分布与地势起伏度关系图

30 m 分辨率 DEM 提取研究区地面曲率,并将其分为−14～−2、−2～0、0～2、2～15 共 4 个等级,叠加斜坡灾害点分析统计结果见图 6-6。可以看出,研究区内斜坡灾害点主要分布在−2～0 和 0～2 两个地面曲率区间,发育斜坡灾害分别占总灾害数量的 45.32% 和 44.94%。但对比发育密度,研究区斜坡灾害在 0～2 和 2～15 两个地面曲率区间相对发育密度较大。

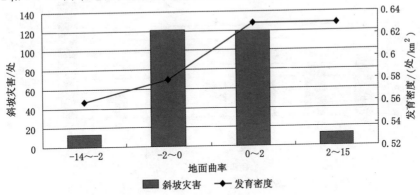

图 6-6 研究区斜坡灾害分布与地面曲率关系图

6.2.6 地质构造

斜坡灾害的发生与距断裂构造的距离有密切的关系,是敏感性分析的一个重要因子(Conforti et al.,2014)。由于强烈的剪力作用,断层附近的岩石强度较弱,活动断层增加了斜坡灾害的敏感性。将研究区内斜坡灾害点距断裂构造的距离按照 200 m 间隔设置缓冲区,共划分为 7 个等级,分别为:0～200 m、200～400 m、400～600 m、600～800 m、800～1 000 m、1 000～1 200 m 和>1 200 m,叠加斜坡灾害点做缓冲区分析后统计结果见图 6-7。可以看出,研究区内斜坡灾害点主要发育在距离断裂构造 1 200 m 以外,发育斜坡灾害数量占总灾害数量的 33.71%。同时,800～1 000 m 之间斜坡灾害的发育密度最大,为 0.86 处/km²。对比各统计区间的斜坡灾害发育密度,在 1 200 m 以内,每个统计区间的斜坡灾害发育密度基本一致,1 200 m 以外的发育密度显示最低,为0.47 处/km²。对比斜坡灾害发育密度与发育斜坡灾害数量占总灾害数百分比可以看出,研究区斜坡灾害在距离断裂构造 600 m 以内三个统计区间的发育密度与百分比基本保持一致,大于 600 m 时仅 800～1 000 m 之间仍然保持一致,其他三个区间则表现分异,如距离断裂构造大于 1 200 m 时发育斜坡灾害数量占总灾害数量的百分比最大,但发育密度却最低,分异明显。综合上述分析,研究区斜坡灾害在距离断裂构造 600 m 以内时以断裂构造控制发育为主,600～1 200 m 之间时断裂构造与其他诱因综合影响灾害发育,1 200 m 以外时以其他诱因为主。

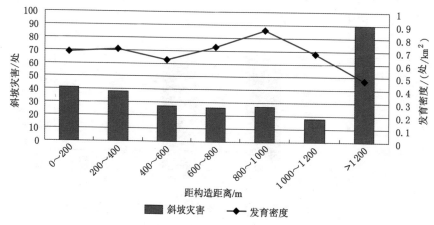

图 6-7 研究区斜坡灾害分布与距断裂构造距离关系图

6.2.7 地层岩组

在斜坡灾害敏感性分析中,地层岩组通常作为一个影响因子(Ayalew et al.,2005)。不同的地层岩组具有不同的剪切强度和渗透性,可导致斜坡灾害敏感性不同。依据研究区 1∶20 万地质图矢量化成果,研究区内的地层从新到老依次为:洪积、坡洪积、保德组、石千峰组、上石盒子组三段、上石盒子组二段、上石盒子组一段、下石盒子组、山西组、太原组、本溪组、峰峰组和上马家沟组,叠加斜坡灾害点分析后统计结果见图 6-8。可以看出,研究区斜坡灾害主要发育在下石盒子组和山西组地层中,其数量分别占总灾害数量的 25.84% 和 15.73%,而石千峰组仅发育 1 处斜坡灾害,占总灾害数量的 0.37%。保德组则是研究区斜坡灾害发育密度最大的地层,为 1.62 处/km²,但该地层灾害数量仅占总灾害数量的 1.87%。

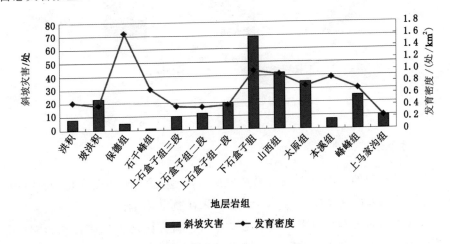

图 6-8　研究区斜坡灾害分布与地层岩组关系图

6.2.8　道路工程扰动

道路影响斜坡灾害发育的原因在于:① 道路工程建设中往往存在削坡挖脚现象,这不但改变坡角坡形,更增加了临空面应力的集中,因坡脚开挖使坡体的抗滑力下降,从而导致坡体的变形和失稳;② 建成后,车辆运行产生反复震动荷载,破坏了原本岩土体的平衡状态;③ 沿斜坡道路建设会导致坡脚负载减少、后缘应力增加,负荷的减少则产生拉张裂缝,使地形发生改变,容易引发斜坡灾害的发生。因此道路常用于斜坡灾害易发性分析的因子之一(Ayalew et al.,2005)。将研究区内斜坡灾害点距道路的距离按照 50 m 间隔设置缓冲区,共划分为 3 个等级,分别为:0~50 m、50~100 m 和 >100 m,叠加斜坡灾害点做缓冲区分析后统计结果见图 6-9。可以看出,研究区斜坡灾害在三级缓冲区内发

育数量相近,距离道路＞100 m 时相对较多,但发育密度最小。而距离道路
50～100 m 时发育数量最少,但发育密度最高,为 0.84 处/km²。综合发育密度
与百分比,研究区斜坡灾害发育受道路控制较强。

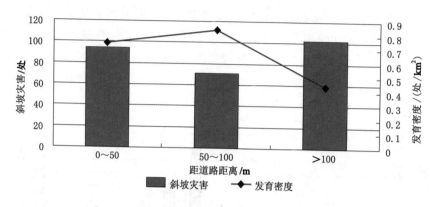

图 6-9　研究区斜坡灾害分布与距道路距离关系图

6.2.9　地下采矿扰动

人类对资源的掠夺性开发容易造成矿区内地表沉降、边坡失稳,研究区位
于太原市地下采矿扰动影响区,因此,地下采矿扰动影响因素是诱发斜坡灾害
发育必须考虑的人为动力影响因子之一。依据研究区地下采矿扰动影响区分
布图将研究区划分为 3 种类型,分别为:地下采煤扰动影响区、地下采石膏扰动
影响区和非扰动影响区,叠加斜坡灾害点分析后统计结果见图 6-10。可以看
出,研究区斜坡灾害点主要发育于地下采煤扰动影响区,共发育 235 处斜坡灾

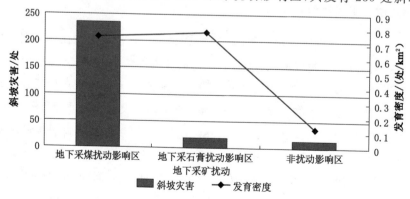

图 6-10　研究区斜坡灾害分布与地下采矿扰动影响关系图

害,占总斜坡灾害数量的 88.02%。而非扰动影响区发育斜坡灾害点数量较少,占比为 5.24%,发育密度仅为 0.13 处/km²。因此,研究区斜坡灾害发育主要受地下采煤扰动影响控制。

6.2.10 河流水系

河流的侵蚀作用对斜坡灾害发育影响很大,河流的位置影响地下水的分布,水体对土体产生作用表现在:① 水体软化岩石块体,导致岩石强度降低;② 水体对河岸长期的冲刷作用,增大河岸两侧边坡临空面,容易引发斜坡灾害;③ 地下水对土体具有侵蚀作用,随着地下水的补给,使得土体间的孔隙水压力和渗透压力不断增大,削减了有效压力,造成了抗剪强度的降低,影响斜坡灾害的稳定性(黄佳璇,2018)。

将研究区内斜坡灾害点距河流的距离按照 50 m 间隔设置缓冲区,共划分为 3 个等级,分别为:0~50 m、50~100 m 和>100 m,叠加斜坡灾害点做缓冲区分析后统计结果见图 6-11。可以看出,研究区斜坡灾害在距离河流>100 m 时发育数量最多,占总灾害数量的 80.9%,但发育密度最小。而距离河流 50~100 m 时发育密度最高,为 1.72 处/km²。在距离河流 50 m 以内时仅发育斜坡灾害 17 处,占比 6.37%。因此,研究区斜坡灾害发育受河流水系的影响较小。

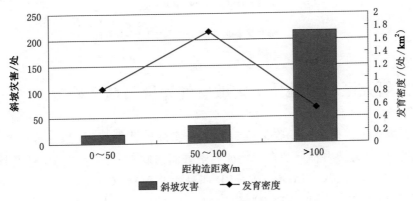

图 6-11 研究区斜坡灾害分布与距河流距离关系图

6.2.11 NDVI

植被覆盖度的变化将直接造成土壤侵蚀和地表水入渗的增加,造成边坡稳定性的降低,进而增加斜坡灾害的危险性。选用归一化植被指数(NDVI)作为植被因子。NDVI 由 2012 年 6 月 16 日获取的 Landsat 8 OLI 影像计算获得,影像中有云与条带区域由 2012 年 5 月 15 日获取的 Landsat 8 OLI 影像修复。将 NDVI 分为<0、0~0.1、0.1~0.2 和>0.2 共 4 个等级。叠加斜坡灾害点分析后统计结果见图 6-12。可以看出,研究区内斜坡灾害主要发育于 NDVI 值<0 的区域,占总灾害数量的 37.08%,发育密度也最大,为 0.86 处/km²,表明研究内斜坡灾害发育位置植被覆盖度低。而其他三个区域发育数量与发育密度基本相近,表明研究区斜坡灾害在植被覆盖区不受植被覆盖度高低而影响其发育。

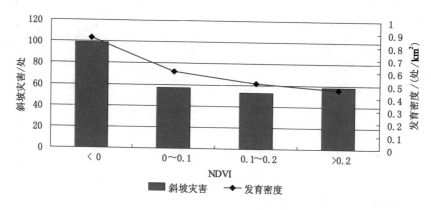

图 6-12 研究区斜坡灾害分布与 NDVI 关系图

6.3 研究区斜坡地质灾害敏感性评价与精度检验

斜坡灾害数据来源于收集资料和部分实际验证数据,从地形地貌特征、地质特征、人为动力特征和自然特征四个方面选取 11 个影响因子,利用 IV+AHP、CF+AHP、IV+LR 和 CF+LR 四种组合预测模型计算各因子的指标值,利用 ArcGIS 平台划分研究区斜坡灾害敏感性分区图,最后验证四个模型精度,选择最优结果作为研究区斜坡灾害发育敏感性分区图,具体流程见图 6-13。

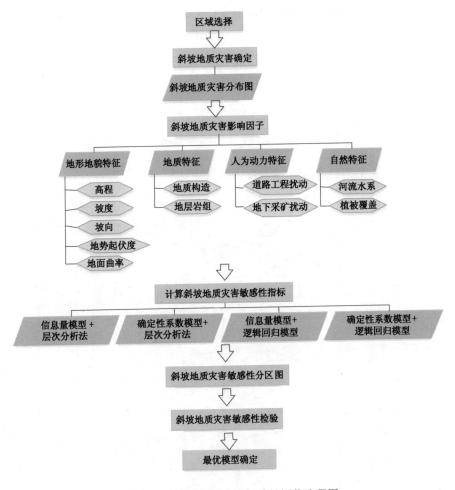

图 6-13　研究区斜坡灾害敏感性评价流程图

6.3.1　斜坡地质灾害敏感性评价

1. 评价因子 IV 值和 CF 值的计算

根据 267 个斜坡灾害样本点,选取高程、坡度、坡向、地势起伏度、地面曲率、距断裂构造距离、地层岩组、距道路距离、采矿扰动影响、距河流距离和植被指数 11 个斜坡灾害敏感性的评价因子,通过各因子不同级别的分布特征,分别计算各分类级别在各因子中的信息量值和确定性系数值,各分类级别的 IV 值和 CF 值见表 6-4。通过该表能够比较 IV 值和 CF 值 2 个模型得到的同一评价因子各分类级别的重要程度。

表 6-4　各评价因子分类级别信息量模型和确定性系数模型计算结果表

评价因子	分级	灾害点/个	IV	CF	评价因子	分级	灾害点/个	IV	CF
高程	<1 000 m	52	0.118	0.283	地面曲率	<−2	13	−0.080	−0.175
	1 000~1 300 m	168	0.109	0.263		−2~0	121	−0.038	−0.088
	1 300~1 500 m	39	−0.482	−0.611		0~2	120	0.044	0.110
	>1 500 m	8	0.121	0.290		>2	13	0.040	0.098
坡度	0~5°	14	0.025	0.064	采矿扰动影响	采煤扰动区	235	0.214	0.488
	5~15°	95	−0.036	−0.084		采石膏扰动区	18	0.259	0.579
	15~25°	92	−0.077	−0.168		非扰动区	14	−1.510	−0.899
	25~35°	53	0.209	0.478	NDVI值	<0	99	0.346	0.743
	35~55°	13	0.055	0.135		0~0.1	57	−0.004	−0.011
	>55°	0	0.000	−1.000		0.1~0.2	53	−0.178	−0.331
坡向	平面	2	1.032	1.631		>0.2	58	−0.275	−0.446
	北	29	−0.118	−0.240	距断裂构造距离	0~200 m	41	0.138	0.326
	东北	28	−0.381	−0.540		200~400 m	38	0.153	0.359
	东	34	−0.196	−0.354		400~600 m	27	0.033	0.081
	东南	36	−0.006	−0.016		600~800 m	26	0.181	0.420
	南	46	0.350	0.748		800~1 000 m	27	0.353	0.754
	西南	39	0.279	0.617		1 000~1 200 m	18	0.117	0.281
	西	22	−0.175	−0.327		>1 200 m	90	−0.253	−0.421
	西北	31	0.140	0.330	地层岩组	洪积	8	0.124	−0.456
地势起伏度	0~20 m	0	0.000	−1.000		坡洪积	23	−0.384	−0.552
	20~50 m	3	−1.524	−0.893		保德组	5	0.992	1.586
	50~75 m	30	−0.214	−0.356		石千峰组	1	0.124	0.270
	75~100 m	76	0.075	0.168		上石盒子组三段	10	−0.432	−0.586
	100~150 m	120	0.096	0.212		上石盒子组二段	12	−0.465	−0.608
	150~300 m	38	0.183	0.388		上石盒子组一段	20	−0.380	−0.549
	300~600 m	0	0.000	−1.000		下石盒子组	69	0.488	0.962
距河流距离	0~50 m	17	0.326	0.705		山西组	42	0.426	0.862
	50~100 m	34	1.042	1.640		太原组	35	0.180	0.393
	>100 m	216	−0.117	−0.239		本溪组	7	0.367	0.759
距道路距离	0~50 m	94	0.203	0.465		峰峰组	25	0.124	0.269
	50~100 m	71	0.326	0.706		上马家沟组	10	−0.998	−0.816
	>100 m	102	−0.310	−0.479					

2. 评价因子共线性诊断

首先随机选取总样本点的 70％ 作为训练样本（共计 374 个），提取每个样本点的各个因子等级值，进行多重共线性诊断，统计其方差膨胀因子（VIF）。VIF 越大，显示共线性越严重。对所选 11 个评价因子进行共线性诊断，其 VIF 计算结果（表 6-5）均在 1～2 之间，并未表明变量之间可能存在共线性或者有交互作用。对 11 个变量进一步做相关性分析，采用 2 种组合模型计算的各因子之间的相关矩阵显示各因子之间的相关系数均小于 0.3，因子之间未表现出强烈的相关性，11 个因子均可以进入模型。

表 6-5　各评价因子 VIF 计算结果表

评价因子		高程	坡度	坡向	地势起伏度	地面曲率	距断裂构造距离	地层岩组	距道路距离	采矿扰动影响	距河流距离	NDVI
VIF	IV	1.236	1.065	1.050	1.197	1.030	1.080	1.517	1.050	1.502	1.102	1.106
	CF	1.260	1.072	1.050	1.151	1.031	1.074	1.415	1.079	1.273	1.116	1.100

3. 评价因子权重值的计算

将 374 个样本点 11 个因子的 IV 值和 CF 值分别输入 SPSS 中进行回归分析，各评价因子分类级别的 IV 值和 CF 值作为自变量，是否发生地质灾害作为因变量（1 代表斜坡灾害样本点，0 代表非斜坡灾害样本点）。逻辑回归分析结果中 B 代表各因子权重的大小，每个变量在方程中的统计学意义要通过比较 sig 值来判断，当 sig 值小于 0.05 时才有统计意义。回归结果显示 2 种组合模型计算出的高程、坡度、地势起伏度、地层、NDVI、距构造距离 6 个因子的 sig 值超出 0.05，无法通过显著性检验，无统计意义（表 6-6、表 6-7）。因此，剔除部分因子，将剩余 6 个因子（坡向、高程、地面曲率、距河流距离、距道路距离及采矿扰动影响）重新利用逻辑回归模型计算，结果显示 6 个因子显著性均小于 0.05（表 6-8、表 6-9），因此其回归系数在误差允许范围内是准确的。IV＋LR 模型计算出的因子权重由大到小依次为地面曲率、坡向、高程、采矿扰动影响、距河流距离、距道路距离，而 CF＋LR 模型计算出的因子权重由大到小依次为地面曲率、采矿扰动影响、坡向、距道路距离、高程、距河流距离。可见，2 种组合模型中地面曲率因子对模型贡献变化最大，且两种模型计算出的回归系数皆为正数，对模型起正向作用。

表6-6 Ⅳ模型逻辑回归分析结果（11个影响因子）

模型		非标准化系数		标准系数	t	Sig.	相关性			共线性统计量	
		B	标准误差				零阶	偏	部分	容差	VIF
Ⅳ	（常量）	0.479	0.029		16.771	0					
	高程	0.184	0.119	0.084	1.550	0.122	0.099	0.081	0.075	0.809	1.236
	坡度	0.172	0.247	0.035	0.698	0.485	−0.005	0.037	0.034	0.939	1.065
	坡向	0.285	0.101	0.141	2.829	0.005	0.158	0.147	0.137	0.952	1.050
	地势起伏度	0.093	0.095	0.052	0.980	0.328	0.094	0.051	0.048	0.836	1.197
	地面曲率	1.392	0.555	0.124	2.510	0.013	0.107	0.131	0.122	0.971	1.030
	距构造距离	0.166	0.119	0.071	1.397	0.163	0.067	0.073	0.068	0.926	1.080
	地层岩组	0.033	0.066	0.030	0.505	0.614	0.162	0.027	0.025	0.659	1.517
	距道路距离	0.094	0.031	0.149	2.988	0.003	0.148	0.155	0.145	0.952	1.050
	采矿扰动影响	0.160	0.051	0.187	3.143	0.002	0.216	0.163	0.153	0.666	1.502
	距河流距离	0.179	0.074	0.124	2.431	0.016	0.143	0.127	0.118	0.908	1.102
	NDVI	0.125	0.100	0.064	1.255	0.210	0.102	0.066	0.061	0.904	1.106

注：B—回归系数；Sig.—差异性显著的检验值，该值一般与0.05或0.01比较，若小于0.05或0.01，则表示差异显著；零阶、偏、部分—表示零阶相关、偏相关、部分相关关系。

表 6-7　CF 模型逻辑回归分析结果（11 个影响因子）

模型		非标准化系数		标准系数	t	Sig.	相关性			共线性统计量	
		B	标准误差				零阶	偏	部分	容差	VIF
CF	（常量）	0.399	0.032		12.373	0					
	高程	-0.105	0.080	0.071	1.308	0.192	0.099	0.069	0.063	0.793	1.260
	坡度	0.067	0.108	0.031	0.620	0.535	-0.004	0.033	0.030	0.933	1.072
	坡向	0.149	0.053	0.140	2.826	0.005	0.165	0.147	0.136	0.952	1.050
	地势起伏度	0.159	0.096	0.086	1.655	0.099	0.108	0.087	0.080	0.869	1.151
	地面曲率	0.573	0.232	0.121	2.471	0.014	0.106	0.129	0.119	0.970	1.031
	距构造距离	0.079	0.061	0.065	1.294	0.197	0.066	0.068	0.062	0.931	1.074
	地层岩组	0.036	0.042	0.050	0.867	0.386	0.169	0.046	0.042	0.707	1.415
	距道路距离	0.168	0.047	0.179	3.580	0	0.175	0.185	0.173	0.927	1.079
	采矿扰动影响	0.194	0.058	0.183	3.364	0.001	0.215	0.174	0.162	0.785	1.273
	距河流距离	0.095	0.044	0.110	2.164	0.031	0.141	0.113	0.104	0.896	1.116
	NDVI	0.058	0.050	0.058	1.149	0.251	0.100	0.060	0.055	0.909	1.100

表6-8　IV模型逻辑回归分析结果（6个影响因子）

模型		非标准化系数		标准系数	t	Sig.	相关性			共线性统计量	
		B	标准误差				零阶	偏	部分	容差	VIF
IV	（常量）	0.484	0.028		17.229	0					
	地面曲率	1.336	0.550	0.119	2.430	0.016	0.107	0.126	0.118	0.988	1.012
	坡向	0.297	0.099	0.147	3.002	0.003	0.158	0.155	0.146	0.986	1.014
	距道路距离	0.092	0.031	0.146	2.962	0.003	0.148	0.153	0.144	0.976	1.024
	采矿扰动影响	0.191	0.042	0.223	4.572	0	0.216	0.232	0.222	0.990	1.011
	距河流距离	0.169	0.072	0.117	2.355	0.019	0.143	0.122	0.114	0.957	1.045
	高程	0.237	0.107	0.108	2.206	0.028	0.099	0.114	0.107	0.989	1.011

表6-9　CF模型逻辑回归分析结果（6个影响因子）

模型		非标准化系数		标准系数	t	Sig.	相关性			共线性统计量	
		B	标准误差				零阶	偏	部分	容差	VIF
CF	（常量）	0.415	0.031		13.431	0					
	地面曲率	0.556	0.230	0.118	2.415	0.016	0.106	0.125	0.117	0.988	1.013
	坡向	0.159	0.052	0.149	3.064	0.002	0.165	0.158	0.148	0.985	1.015
	距道路距离	0.159	0.046	0.169	3.446	0.001	0.175	0.177	0.167	0.974	1.027
	采矿扰动影响	0.238	0.052	0.225	4.623	0	0.215	0.235	0.224	0.989	1.011
	距河流距离	0.094	0.043	0.109	2.196	0.029	0.141	0.114	0.106	0.949	1.054
	高程	0.153	0.072	0.103	2.120	0.035	0.099	0.110	0.103	0.987	1.013

4．AHP斜坡灾害影响因子权重计算

（1）建立层次结构分析模型

根据前述分析，建立斜坡灾害层次结构分析模型，包括的因子有高程、地面曲率、坡向、采矿扰动影响、距道路距离、距河流距离。

（2）各灾种影响因素权值确定

相对于"发生斜坡灾害可能性"的总目标，考虑指标层之间的相对重要性，则发生斜坡灾害可能性的指标层对目标层的判断矩阵 $A=(a_{ij})_{6\times6}$ 可写为：

$$A=(a_{ij})_{6\times6}=\begin{bmatrix} 1 & 1 & 3 & 1/5 & 1/4 & 1/3 \\ 1 & 1 & 2 & 1/5 & 1/4 & 1/3 \\ 1/3 & 1/2 & 1 & 1/7 & 1/5 & 1/3 \\ 5 & 5 & 7 & 1 & 2 & 3 \\ 4 & 4 & 5 & 1/2 & 1 & 2 \\ 3 & 3 & 3 & 1/3 & 1/2 & 1 \end{bmatrix}$$

（3）层次单排序及一致性检验

通过层次分析，得到 $CR=0.0241$，"发生斜坡灾害可能性"目标层下各因素的单排序权值向量为

$$R=(0.0753 \quad 0.0703 \quad 0.0424 \quad 0.3953 \quad 0.2574 \quad 0.1593)$$

6.3.2　评价结果及精度检验

1．研究区斜坡灾害敏感性评价分区

根据得到的各因子系数权重结果（表6-8、表6-9、图6-14）计算出研究区斜坡灾害发生的概率，得到研究区斜坡灾害发生概率分布图，然后将研究区按斜坡灾害发生的概率值大小分为4个区，最终形成研究区斜坡灾害发育敏感性分区图（图6-15）。统计采用4种组合模型计算得到的极低、低、中、高4个级别的敏感区面积，结果表明：CF+AHP、IV+AHP两种组合方法受AHP权值主观性的影响，合理性相对较差；CF+LR、IV+LR两种组合方法得到的结果合理性相对较好，这两种方法得到的极低、低敏感区面积基本相当，中、高敏感区面积相差较大，CF+LR模型较IV+LR模型高敏感区面积增加约57.162 km²，而中敏感区面积减少约41.945 km²。从各敏感性等级分布状况来看，两种组合模型得到的敏感性评价分区均表现出极低、低敏感区，主要分布在研究区中的非采矿扰动影响区，而中、高敏感区主要发育于道路及河流两侧。

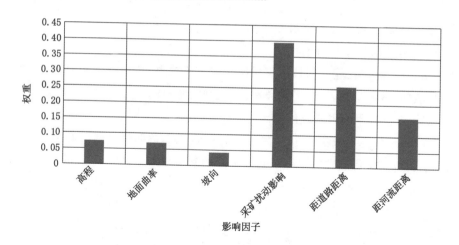

图 6-14 斜坡灾害敏感性评价影响因子权重分布图

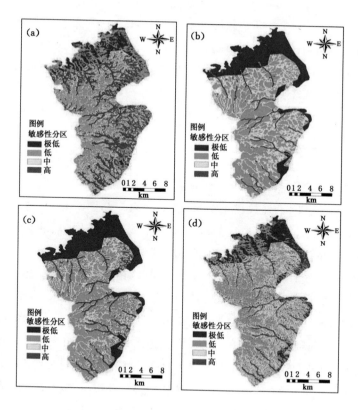

图 6-15 研究区斜坡灾害发育敏感性分区图

（a）CF+LR；（b）CF+AHP；（c）IV+AHP；（d）IV+LR

2. 精度检验

地质灾害敏感性评价结果合理性检验是地质灾害敏感性评价模型检验的方法之一，主要通过分析研究实际发生的灾害点在各敏感等级区内的分布状况来检验其合理性，为保证已建模型的客观性和稳定性，检验点是未参与模型训练的 160 个样本点，约占总样本的 30％。

检验结果显示，4 种组合方法训练数据的 AUC 值分别为 0.674、0.673、0.675 和 0.672，检验数据的 AUC 值分别为 0.691、0.669、0.662 和 0.665（图 6-16），渐进 Sig. b 均小于 0.05，表明 4 种组合方法均能较为客观准确地对研究区斜坡灾害敏感性进行评价，且 CF＋LR 模型的精度高于其他三种模型，是本次研究中适合研究区斜坡灾害敏感性评价的最优模型。

据统计，CF＋LR 评价出的研究区斜坡灾害极低敏感区、低敏感区、中敏感区和高敏感区的面积分别为：50.855 km²、123.277 km²、165.355 km² 和 101.577 km²，分别占研究区总面积的 11.53％、27.95％、37.49％ 和 23.03％。而 IV＋LR 模型划分的研究区斜坡灾害极低敏感区、低敏感区、中敏感区和高敏感区的面积分别为：64.395 km²、124.953 km²、207.300 km² 和 44.415 km²，分别占研究区总面积的 14.60％、28.33％、47.00％ 和 10.07％。

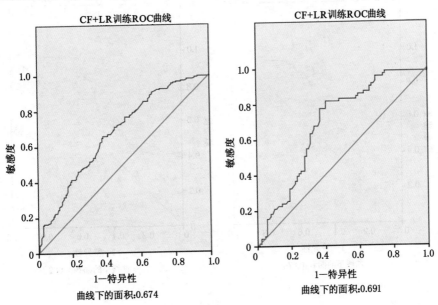

图 6-16　评价结果 ROC 曲线图

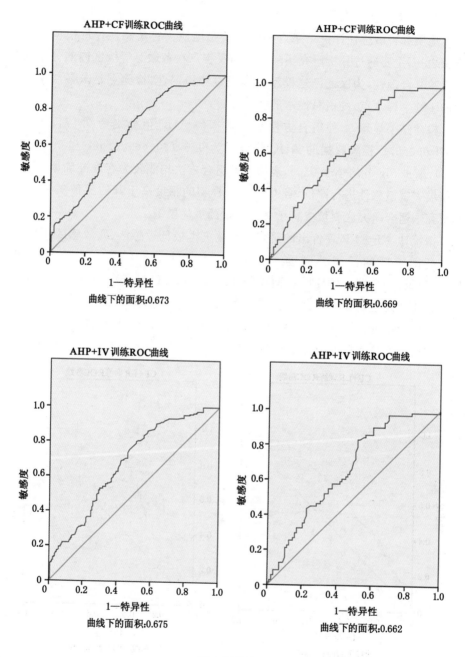

图 6-16(续)

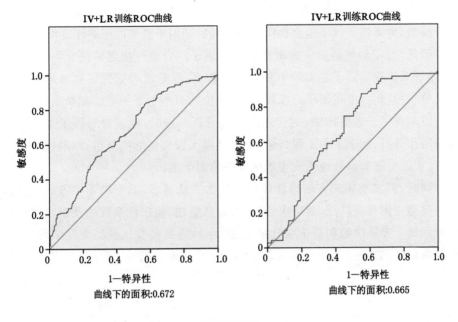

图 6-16(续)

6.4　本章小结

　　敏感性评价是斜坡地质灾害发育空间分布特征研究的基础,也是多特征组合中的敏感性特征因子,研究建立适用于研究区斜坡地质灾害发育敏感性评价的评价因子和评价模型对获取可靠的敏感性特征因子至关重要。选取高程、坡度、坡向、地势起伏度、地面曲率、距断裂构造距离、地层岩组、距道路距离、地下采矿扰动、距河流距离、植被指数(NDVI)等 11 个因子作为斜坡灾害敏感性评价因子,开展了因子相关性分析,明确了研究区斜坡地质灾害发育敏感性评价无关因子集。基于 IV+AHP、CF+AHP、IV+LR 和 CF+LR 4 种组合敏感性模型开展了研究区斜坡灾害敏感性评价和分区。CF+AHP、IV+AHP 两种方法受 AHP 影响因子判断矩阵建立时主观因素的影响,结果不太理想,CF+LR、IV+LR 相对较好,这两种组合模型得到的研究区斜坡地质灾害发育极低、低敏感区面积基本相当,中、高敏感区面积相差较大。CF+LR、IV+LR 的合理性均符合检验要求,ROC 精度检验 AUC 值分别为 0.691 和 0.665,均较为客观准确地评价研究区斜坡地质灾害敏感性,且前者 ROC 精度更高。综合研究区斜坡地质灾害的发育情况,CF+LR 是适用于研究区斜坡地质灾害敏感性评价的组合模型,为多特征因子组合提供了敏感性特征因子获取的可靠评价模型。

　　但是,对于斜坡地质灾害敏感性评价因子的合理性应继续研究与分析,其中,地下采矿扰动因子在实验中权重占比较高,尽管这与研究区斜坡地质灾害空间分布相吻合,但该因子分级较少,对评价结果产生了一定的截断效应影响,今后应对此因子做更详细、更合理的分级分析。同时,地层岩组因子采用了基础地层作分析,而未采用工程岩组,今后应以工程岩组继续分析,以期建立理论可行、实践可靠的斜坡地质灾害敏感性评价因子集。

　　同时,斜坡地质灾害敏感性评价分区的方法很多,基于机器学习的敏感性评价模型应用日益广泛,而层次分析法、信息量法、确定性系数法及逻辑回归模型分别属于专家决策和基于统计的方法,今后应更多尝试新型深度学习方法,如胶囊神经网络模型,结合研究区实际环境,探索更科学、更先进可靠的评价方法。

第7章 多特征辅助分水岭算法斜坡
地质灾害遥感提取

为了验证多特征分水岭影像分割斜坡地质灾害提取方法的适用性,以面向对象分类方法开展对比实验。

7.1 实验区与数据源

7.1.1 实验区概况

实验区仍然选择研究区中西部的杜儿坪矿区桃花沟内局部区域(图 7-1),区内包含不稳定斜坡、滑坡、崩塌等地质灾害。

图 7-1 实验区地理位置图

7.1.2 数据源与预处理

选择国产 GF-2 遥感影像为实验用数据源,空间分辨率 1 m,成像时间为 2015 年。对实验影像采用几何校正、影像融合、正射校正和裁剪完成影像数据预处理,预处理后的实验用高分辨率遥感影像见图 7-2。

图 7-2 GF-2 遥感影像

7.2 基于 Luv 颜色空间区域合并分水岭算法影像分割

采有基于 Luv 颜色空间区域合并分水岭分割算法(Luv-RMWS)进行实验区影像分割。

7.2.1 影像对比度增强

对实验区 GF-2 遥感影像进行对比度增强,结果见图 7-3。

7.2.2 最优尺度参数实验与分析

以多尺度试错法对实验区开展重复性实验,综合考虑分割效果、时间效率、分割精度后确定实验区影像 Luv-RMWS 法全局最优分割阈值 C 为 2 500,最优合并阈值 D 为 80,以其分割结果进行后续目标体图斑筛选。

Luv-RMWS 法、Lab-RMWS 法和 RGB-RMWS 法部分实验结果见图 7-4、图 7-5、图 7-6。

图 7-3　对比度增强后影像

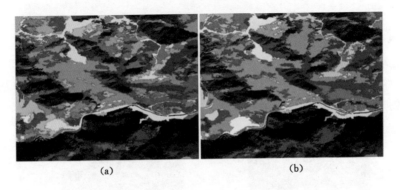

(a)　　　　　　　　　　　　　(b)

图 7-4　多尺度 Luv-RMWS 法分割实验结果

(a) $C=1\,500, D=50$；(b) $C=2\,500, D=80$

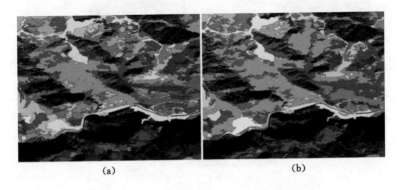

(a)　　　　　　　　　　　　　(b)

图 7-5　多尺度 Lab-RMWS 法分割实验结果

(a) $C=3\,500, D=50$；(b) $C=4\,500, D=80$

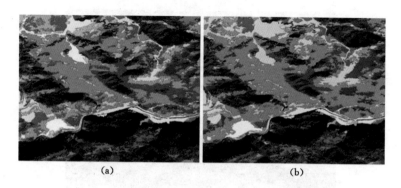

图 7-6　多尺度 RGB-RMWS 法分割实验结果

（a）$C=2\,500,D=5\,000$；（b）$C=3\,500,D=5\,000$

7.3　多特征辅助斜坡地质灾害图斑筛选

以第 3 章、第 5 章、第 6 章研究成果（图 7-7）为基础，选取实验区疑似斜坡灾害图斑筛选阈值，具体见筛选流程图 7-8。

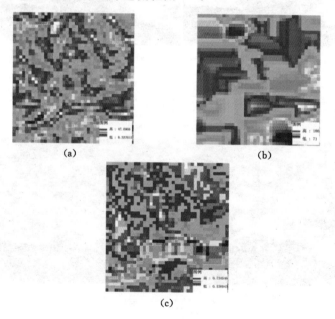

图 7-7　实验区特征因子研究成果图

（a）坡度图；（b）地势起伏度图；（c）确定性系数＋逻辑回归模型敏感性评价分区图

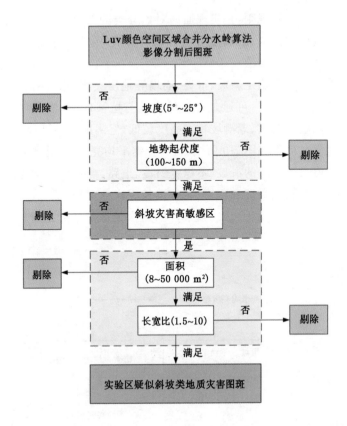

图 7-8 实验区疑似斜坡灾害图斑筛选流程图

7.4 基于面向对象分类法的斜坡地质灾害提取

7.4.1 最优影像分割参数

利用 eCognition 平台,对影像进行多次面向对象分割实验并目视对比结果,确定实验影像的最优分割参数为:分割尺度 600、光谱异质性权重 0.9、形状异质性权重 0.1、紧凑度权重 0.5、光滑度权重 0.5。

7.4.2 面向对象分类提取规则

影像分割后的对象具有相似的特征,这些特征决定其属性分类,根据待提取目标的特征建立分类规则,是实现面向对象分类的关键环节。目前主要的分类方法包括阈值条件分类、隶属度分类和监督分类(包括最临近分类和分类器分类),采用阈值条件分类法。

实验区主要包含不稳定斜坡、滑坡、崩塌等地质灾害,通常滑坡和不稳定斜坡在影像中具有较高亮度,可通过亮度值将其与植被区分,然后再利用长宽比与道路、裸地区分,而崩塌、老滑坡相对亮度较低,但阴影形状更规则。

斜坡灾害提取流程如图 7-9 所示,首先依据平均亮度值,将影像分割对象区分为平均亮度值大于 250 的滑坡、不稳定斜坡、道路、裸地和平均亮度值小于等于 250 的植被、崩塌、老滑坡和阴影;再依据长宽比将道路、裸地(长宽比≥2.5)和滑坡、不稳定斜坡(长宽比<2.5)区分开;再次依据影像分割对象的平均亮度

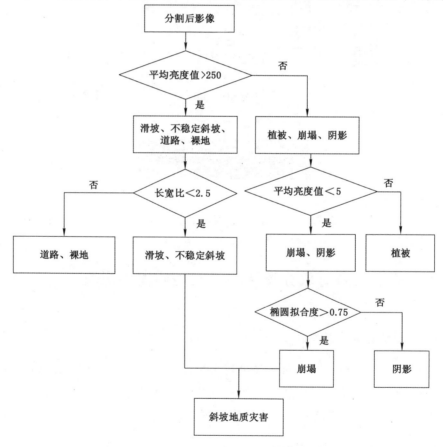

图 7-9　斜坡灾害面向对象分类提取流程图

值将植被从崩塌、老滑坡和阴影中剔除；崩塌、老滑坡相比山地阴影形状更规则，继续采用椭圆拟合度进行筛选，区分崩塌、老滑坡和阴影；合并不稳定斜坡、滑坡、崩塌图斑，即为本实验提取的实验区斜坡灾害。

7.5　实验结果分析与精度评价

7.5.1　实验结果

（1）多特征分水岭影像分割斜坡灾害提取结果

以 C 为 2 500、D 为 80 的分割结果作为 Luv-RMWS 法实验区影像分割提取结果（图 7-10），经图斑筛选后将疑似斜坡灾害图斑与实验区 GF-2 影像进行叠加（图 7-11）。

（2）面向对象分类法斜坡灾害提取结果

以 7.4.1 节所确定的最优分割参数，在 eCognition 平台完成影像多尺度分割（图 7-12），再利用 7.4.2 所建立提取规则（图 7-9）筛选出疑似斜坡灾害图斑，并与实验区 GF-2 影像进行叠加（图 7-13）。

图 7-10　Luv-RMWS 法影像分割结果图

图 7-11　Luv-RMWS 法提取结果图

图 7-12　面向对象分类法影像分割结果图

图 7-13　面向对象分类法提取结果图

7.5.2　影像分割实验结果分析

（1）影像分割时间效率

实验所用计算机型号为 HP 2211f，具体配置为：Intel（R）Core（TM）i3 CPU，主频 3.20 GHz，6.00 GB 内存，64 位操作系统。Luv-RMWS 法影像分割时采用程序内置计时变量统计耗时，面向对象分类利用 eCognition 软件自动计时统计耗时。

实验区影像分割信息统计结果见表 7-1。

表 7-1　实验区影像分割信息统计表

提取方法	分割后图斑数	分割总耗时/s
Luv-RMWS 法	347	131.45
面向对象分类方法	219	109.11

由表 7-1 可以看出，采用 Luv-RMWS 法对实验区影像分割总耗时 131.45 s，分割过程耗时随影像范围增大而增多，总体时间效率良好。而面向对象分类方法则耗时 109.11 s，时间效率略高于 Luv-RMWS 法。

（2）影像分割效果

由图 7-10 可以看出，在最优分割阈值 C 为 2 500，最优合并阈值 D 为 80 的设置下，Luv-RMWS 法对实验区影像分割效果较好，实验区内西南部道路北侧较大的不稳定斜坡体完整地被分割出来，且边界与实际边界吻合度高，目视效果好于 4.5 节实验结果。但实验区分割结果也存在欠分割现象，如影像西北角的两块裸地图斑出现了粘连现象。

由图 7-12 可以看出，面向对象分类法对实验区影像分割效果较好，实验区内西南部道路北侧较大的不稳定斜坡体基本被分割出来，但边界与实际边界吻合度一般，同时，小型斜坡灾害图斑未能被分割，总体对斜坡灾害呈现欠分割。

7.5.3　斜坡地质灾害提取结果验证与精度评价

通过收集的研究区内斜坡灾害分布信息及野外核查，多特征辅助分水岭影像分割斜坡灾害提取方法共提取到斜坡灾害 8 处（图 7-14），其中，5 处正确，3 处错误，并有 2 处未能识别而漏提。由表 7-2 可知实验区斜坡灾害提取正确率为 62.5%，提取率为 71.4%。而面向对象分类法共提取到斜坡灾害 5 处

（图7-15），其中,4处正确,1处错误,并有3处未能识别而漏提。实验区斜坡灾害提取正确率为80%,提取率为57.1%。

图7-14　多特征分水岭方法提取结果正误对比图
（T:提取正确;F:提取错误;A、B:漏提取）

表7-2　实验区斜坡灾害提取结果统计表

提取方法	提取 总个数	正确 个数	错误 个数	漏提 个数	提取 正确率/%	提取 错误率/%	提取率 /%	漏提率 /%
多特征分水岭影像 分割提取方法	8	5	3	2	62.5	37.5	71.4	28.6
面向对象分类方法	5	4	1	3	80.0	20.0	57.1	42.9

　　对照实验区影像目视解译结果及野外核查结果综合分析,造成多特征分水岭方法斜坡灾害错提和漏提的原因如下:

　　(1)造成错误提取的原因是这三处图斑所处区域正好满足所有的斜坡灾害特征因子要求,也说明特征组合仍然存在不合理的地方,应继续加以完善。

　　(2)图7-14中A号滑坡区域为一处老滑坡,植被茂密,阴影明显,图7-10显示Luv-RMWS法分割结果中已经分割出本处滑坡的边界,但多特征筛选中被剔除,这与选用特征图层阈值合理性有关。

　　(3)图7-14中B号崩塌区域为一处潜在崩塌区,影像特征较明显,可见裸

图 7-15　面向对象法提取结果正误对比图

（T:提取正确;F:提取错误;1、2、3:漏提取）

露的岩体。图 7-10 显示 Luv-RMWS 法分割结果中此处图斑与相邻区域连接合并,未能分割出本处崩塌体,造成了后续漏提取。

　　而造成面向对象分类方法斜坡灾害错提和漏提的原因如下:

　　(1) 造成错误提取的原因是该图斑影像特征为裸地,光谱特征明亮,形状特征近似斜坡灾害,造成图斑筛选时误分。

　　(2) 图 7-15 中 1 号、2 号区域均为崩塌灾害,影像特征崩塌后缘植被茂密,阴影明显,图 7-12 显示面向对象分类法分割结果中已经分割出 1 号崩塌灾害的边界,但经提取规则筛选时被剔除,而 2 号崩塌体则与相邻图斑发生了粘连,出现了欠分割,故未能被提取。

　　(3) 图 7-15 中 3 号崩塌体为一处小型崩塌,影像特征明显,可见裸露的岩体,光谱特征明亮,形状特征突出。但该图斑与相邻图斑粘连,未能分割出该崩塌体,故也未能被提取。

7.5.4　对比分析

　　(1) 多特征分水岭方法的影像分割时间效率略低于面向对象分类方法,但分割效果较面向对象分类方法要好,主要体现在两种方法均采用全局分割尺度参数时多特征分水岭方法较好地分割了斜坡灾害体,而面向对象分类方法斜坡灾害分割边界与实际边界吻合度较差。同时,面向对象分类方法分割后图斑总数远少于多特征分水岭方法,导致未能分割出小型崩塌灾害图斑,表现为欠分割。

(2)多特征分水岭方法的提取正确率低于面向对象的分类方法,但提取率高于面向对象分类方法,同时漏提率则低于面向对象分类方法,显示出多特征分水岭方法在实验区斜坡灾害提取中尽管提取正确率略低,但却以较少的漏提率实现了较高的提取率,因此多特征分水岭方法提取精度优于面向对象分类方法。

(3)多特征分水岭方法漏提了 A 号、B 号斜坡灾害,而面向对象分类方法漏提了 1 号、2 号和 3 号斜坡灾害,其中,B 号与 2 号斜坡灾害为同一处灾害,两种方法均漏提了这处灾害点,但原因不同。同时,多特征分水岭方法漏提了 A 号斜坡灾害,但面向对象分类方法则提取了这处灾害体,而面向对象分类方法漏提的 1 号、3 号斜坡灾害被多特征分水岭方法成功提取。综合对比两种方法的提取精度可靠性,多特征分水岭方法略优于面向对象分类方法,这与多特征分水岭方法所采用的多特征组合引入了地形因子和敏感性特征因子有关。

(4)尽管多特征分水岭方法表现出较好的分割时间效率、分割效果和提取精度,但对比面向对象分类方法,多特征分水岭方法所建立多特征组合仍然存在不合理的地方,导致了较高的错误提取率,后续研究中应继续加以完善。

7.6　本章小结

针对多特征分水岭影像分割斜坡地质灾害提取方法,是否具有适用性是该方法提出意义的基础。对比主流方法是评价方法适用性的常规手段,本章以研究区中西部的杜儿坪矿区桃花沟内局部区域为实验区,以 GF-2 遥感影像为数据源,以第 3 章、第 5 章、第 6 章研究成果为多特征因子基础,对基于多特征辅助分水岭影像分割斜坡地质灾害提取方法和面向对象分类方法进行了对比实验。多特征分水岭影像分割斜坡地质灾害提取方法所提取实验区斜坡地质灾害时间效率与提取率较高,斜坡地质灾害边界与目视解译结果吻合度好,提取过程中人工干预较少,客观性强,是斜坡地质灾害自动化提取的一种全新实践。不足之处在于实验过程中仍然需要人工参与,同时提取结果会受古滑坡、人工切坡等干扰而降低提取正确率,今后应继续完善该方法,探索可靠的自动化斜坡地质灾害遥感影像分割提取方法。

参 考 文 献

蔡银桥,毛政元,2007.基于多特征对象的高分辨率遥感影像分类方法及其应用[J].国土资源遥感,19(1):77-81.

陈丽芳,刘一鸣,刘渊,2013.融合改进分水岭和区域生长的彩色图像分割方法[J].计算机工程与科学,35(4):93-98.

陈楠,林宗坚,李成名,等,2004.1:10000及1:50000比例尺DEM信息容量的比较:以陕北韭园沟流域为例[J].测绘科学,29(3):39-41.

陈楠,汤国安,刘咏梅,等,2003.基于不同比例尺的DEM地形信息比较[J].西北大学学报(自然科学版),33(2):237-240.

陈楠,汤国安,朱红春,2006.不同空间分辨率DEM提取坡度不确定性研究[J].水土保持研究,13(3):153-156.

陈秋晓,陈述彭,周成虎,2006.基于局域同质性梯度的遥感图像分割方法及其评价[J].遥感学报,10(3):357-365.

陈秋晓,骆剑承,周成虎,等,2004.基于多特征的遥感影像分类方法[J].遥感学报,8(3):239-245.

陈学兄,毕如田,刘正春,等,2016.基于ASTER GDEM数据的山西地形起伏度分析研究[J].山西农业大学学报(自然科学版),36(6):417-421.

陈扬洋,明冬萍,徐录,等,2017.高空间分辨率遥感影像分割定量实验评价方法综述[J].地球信息科学学报,19(6):818-830.

陈洋,范荣双,王竞雪,等,2018.形位相似的影像分割质量评价方法[J].测绘科学,43(9):98-102.

仇大海,蒋炜,牛海波,等,2010.遥感影像分辨率分析技术在滑坡研究中的应用[J].地质灾害与环境保护,21(1):105-108.

戴激光,杜阳,方鑫鑫,等,2018.多特征约束的高分辨率光学遥感影像道路提取[J].遥感学报,22(5):777-791.

丁辉,张茂省,李林,2013.基于多特征面向对象区域滑坡现象识别[J].遥感技术与应用,28(6):1107-1113.

杜谦,范文,李凯,等,2017.二元 Logistic 回归和信息量模型在地质灾害分区中的应用[J].灾害学,32(2):220-226.

范建容,李秀珍,张怀珍,等,2012.汶川地震灾区崩塌滑坡体几何特征信息遥感定量提取与分析[J].水土保持通报,32(2):118-121.

方苗,张金龙,徐瑱,2011.基于 GIS 和 Logistic 回归模型的兰州市滑坡灾害敏感性区划研究[J].遥感技术与应用,26(6):845-854.

冯策,刘瑞,苟长江,2013.基于 Logistic 回归模型的芦山震后滑坡易发性评价[J].成都理工大学学报(自然科学版),40(3):282-287.

冯杭建,周爱国,唐小明,等,2017.基于确定性系数的降雨型滑坡影响因子敏感性分析[J].工程地质学报,25(2):436-446.

付萧,郭加伟,刘秀菊,等,2018.无人机高分辨率遥感影像地震滑坡信息提取方法[J].地震研究,41(2):186-191.

傅文杰,洪金益,2006.基于支持向量机的滑坡灾害信息遥感图像提取研究[J].水土保持研究,13(4):120-121.

高丽,杨树元,李海强,2007.一种基于标记的分水岭图像分割新算法[J].中国图象图形学报,12(6):1025-1032.

高炜,薛永安,赵晋陵,2014.遥感影像图生产质量定量评价系统设计与实现[J].太原理工大学学报,45(6):776-779.

郭芳芳,杨农,孟晖,等,2008.地形起伏度和坡度分析在区域滑坡灾害评价中的应用[J].中国地质,35(1):131-143.

韩海辉,高婷,易欢,等,2012.基于变点分析法提取地势起伏度:以青藏高原为例[J].地理科学,32(1):101-104.

韩岭,苗放,刘学工,等,2010.基于高清遥感影像的滑坡自动解译方法探索[J].人民黄河,32(12):33-34.

何培培,万幼川,蒋朋睿,等,2014.彩色分割的航空影像房屋自动检测[J].光谱学与光谱分析,34(7):1927-1932.

何政伟,许辉熙,张东辉,等,2010.最佳 DEM 分辨率的确定及其验证分析[J].测绘科学,35(2):114-116.

侯伟,2014.基于遥感与 DEM 的面向对象滑坡识别研究:以白龙江流域武都段为例[D].兰州:兰州大学.

黄佳璇,2018.基于 PSInSAR 蠕动型滑坡动态监测及区域稳定性分析[D].北京:北京科技大学.

黄汀,白仙富,庄齐枫,等,高分一号汶川极震区滑坡提取研究[J].测绘通报,2018(2):67-71.

贾坤,李强子,田亦陈,等,2011.遥感影像分类方法研究进展[J].光谱学与光谱分析,31(10):2618-2623.

贾新宇,江朝晖,魏雅鹏,等,2018.相对颜色空间下梯度分层重构的分水岭分割[J].计算机科学,45(S2):212-217.

江怡,2013.基于改进分水岭变换的高分辨率遥感影像分割方法研究[D].长沙:中南大学.

解传银,2011.基于权重模型的滑坡灾害敏感性评价[J].中南大学学报(自然科学版),42(6):1772-1779.

金永涛,李旭青,张周威,等,2016.基于多特征的高分遥感图像分割算法研究[J].中国空间科学技术,36(6):38-46.

兰恒星,伍法权,王思敬,2002.基于 GIS 的滑坡 CF 多元回归模型及其应用[J].山地学报,20(6):732-737.

黎新裕,2016.基于机器学习法滑坡灾害信息的自动化提取:以汶川县绵虒镇为例[D].成都:成都理工大学.

黎鑫,2007.基于形态学梯度和分水岭的图像分割算法研究[D].武汉:华中科技大学.

李军,周成虎,2003.基于栅格 GIS 滑坡风险评价方法中格网大小选取分析[J].遥感学报,7(2):86-92.

李军,2015.采煤区地质灾害信息快速提取技术[J].中国地质灾害与防治学报,26(2):132-136.

李强,张景发,罗毅,等,2019.2017 年"8.8"九寨沟地震滑坡自动识别与空间分布特征[J].遥感学报,23(4):785-795.

李松,邓宝昆,徐红勤,等,2015.地震型滑坡灾害遥感快速识别方法研究[J].遥感信息,30(4):25-28.

李松,李亦秋,安裕伦,2010.基于变化检测的滑坡灾害自动识别[J].遥感信息,25(1):27-31.

李勋,杨环,殷宗敏,等,2017.基于 DEM 和遥感影像的区域黄土滑坡体识别方法研究[J].地理与地理信息科学,33(4):86-92.

李尧,2018.基于深度学习的滑坡检测算法研究[D].成都:成都理工大学.

李泽宇,明冬萍,范莹琳,等.遥感影像监督分割评价指标比较与分析[J].地球信息科学学.

林福宗,2009.多媒体技术基础[M].3 版.北京:清华大学出版社.

林卉,江涛,2018.遥感数字图像处理[M].徐州:中国矿业大学出版社.

林齐根,邹振华,祝瑛琦,等,2017.基于光谱、空间和形态特征的面向对象滑坡识别[J].遥感技术与应用,32(5):931-937.

林雨准,张保明,徐俊峰,等,2017.多特征多尺度相结合的高分辨率遥感影像建筑物提取[J].测绘通报,(12):53-57.

刘书含,顾行发,余涛,等,2014.高分一号多光谱遥感数据的面向对象分类[J].测绘科学,39(12):91-94.

刘新华,杨勤科,汤国安,2001.中国地形起伏度的提取及在水土流失定量评价中的应用[J].水土保持通报,21(1):57-59.

刘学军,龚健雅,周启鸣,等,2004.基于 DEM 坡度坡向算法精度的分析研究[J].测绘学报,33(3):258-263.

吕凤华,舒宁,龚龑,等,2017.利用多特征进行航空影像建筑物提取[J].武汉大学学报(信息科学版),42(5):656-660.

吕金娜,2016.基于 LAB 空间和自适应聚类的害虫图像分割方法[J].河南科技学院学报(自然科学版),44(1):57-61.

毛召武,程结海,袁占良.一种高分遥感影像物体分割质量评价方法[J].测绘通报,2016(5):36-40.

明冬萍,骆剑承,周成虎,等,2006.高分辨率遥感影像特征分割及算法评价分析[J].地球信息科学,8(1):103-109.

明冬萍,王群,杨建宇,2008.遥感影像空间尺度特性与最佳空间分辨率选择[J].遥感学报,12(4):529-537.

牛全福,程维明,兰恒星,等,2011.基于信息量模型的玉树地震次生地质灾害危险性评价[J].山地学报,29(2):243-249.

彭令,徐素宁,梅军军,等,2017.地震滑坡高分辨率遥感影像识别[J].遥感学报,21(4):509-518.

邱海军,2012.区域滑坡崩塌地质灾害特征分析及其易发性和危险性评价研究:以宁强县为例[D].西安:西北大学.

沈夏炯,吴晓洋,韩道军,2015.分水岭分割算法研究综述[J].计算机工程,41

(10):26-30.

苏凤环,刘洪江,韩用顺,2008.汶川地震山地灾害遥感快速提取及其分布特点分析[J].遥感学报,12(6):956-963.

苏巧梅,赵尚民,郭建立,2017.霍西煤矿区地表滑坡灾害敏感性数值建模与等级划分[J].地球信息科学学报,19(12):1613-1622.

苏巧梅,2017.霍西煤田地质灾害的空间分布特征与滑坡敏感性评价研究[D].太原:太原理工大学.

汤国安,李发源,杨昕,2015.黄土高原数字地形分析探索与实践[M].北京:科学出版社.

汤国安,刘学军,闾国年,2005.数字高程模型及地学分析的原理与方法[M].北京:科学出版社.

汤国安,陶旸,王春,等,2007.高线套合差及在 DEM 质量评价中的应用研究[J].测绘通报,(7):65-67.

汤国安,杨勤科,张勇,等,2001.不同比例尺 DEM 提取地面坡度的精度研究:以在黄土丘陵沟壑区的试验为例[J].水土保持通报,21(1):53-56.

汤国安,赵牡丹,曹菡,2000.DEM 地形描述误差空间结构分析[J].西北大学学报(自然科学版),30(4):349-352.

汤国安,赵牡丹,李天文,等,2003.DEM 提取黄土高原地面坡度的不确定性[J].地理学报,58(6):824-830.

汤国安,2014.我国数字高程模型与数字地形分析研究进展[J].地理学报,69(9):1305-1325.

田春山,刘希林,汪佳,2016.基于 CF 和 Logistic 回归模型的广东省地质灾害易发性评价[J].水文地质工程地质,43(6):154-161.

童立强,郭兆成,2013.典型滑坡遥感影像特征研究[J].国土资源遥感,25(1):86-92.

涂汉明,刘振东,1990.中国地势起伏度最佳统计单元的求证[J].湖北大学学报(自然科学版),12(3):266-271.

王春,刘学军,汤国安,等,2009.格网 DEM 地形模拟的形态保真度研究[J].武汉大学学报(信息科学版),34(2):146-149.

王礼,方陆明,陈珣,等,2018.基于 Lab 颜色空间的花朵图像分割算法[J].浙江万里学院学报,31(3):67-73.

王玲,吕新,2009.基于 DEM 的新疆地势起伏度分析[J].测绘科学,34(1):

113-116.

王露,刘庆元,2015.高分辨率遥感影像多尺度分割中最优尺度选取方法综述[J].测绘与空间地理信息,38(3):166-169.

王明富,杨世洪,吴钦章,2011.基于角点检测的遥感图像几何质量评价方法[J].测绘学报,40(2):175-179.

王宁,陈方,于博,2018.基于形态学开运算的面向对象滑坡提取方法研究[J].遥感技术与应用,33(3):520-529.

王鹏,葛洁,方峥,等,2018.半自动面向对象高分遥感地灾目标提取方法[J].山地学报,36(4):654-659.

王让虎,张树文,蒲罗曼,等,2016.基于ASTER GDEM和均值变点分析的中国东北地形起伏度研究[J].干旱区资源与环境,30(6):49-54.

王世博,张大明,罗斌,等,2012.基于谱抠图的遥感图像滑坡半自动提取[J].计算机工程,38(2):195-197.

王世博,2011.基于数字抠图的遥感图像滑坡半自动提取研究[D].合肥:安徽大学.

王晓莉,2016.基于"3S"的太原西山矿区斜坡地质灾害特征分析[J].矿山测量,44(2):38-40.

王娅,2017.血液红细胞图像自适应标记分水岭分割算法[J].中国图象图形学报,22(12):1779-1787.

王昱,胡莘,张保明,数字影像质量评价方法研究[J].测绘通报,2002(5):7-9.

王志恒,胡卓玮,赵文吉,等,2014.应用累积和分析算法的地形起伏度最佳统计单元确定[J].测绘科学,39(6):59-64.

韦兴旺,张雪锋,薛云,2018.基于光谱和形状的遥感图像分割质量评估方法[J].地球信息科学学报,20(10):1489-1499.

魏冬梅,2013.基于遥感影像滑坡边界自动提取方法的研究[D].成都:西南交通大学.

魏星,2013.基于SVM的山体滑坡灾害图像识别方法[J].电子测量技术,36(8):65-70.

吴波,林珊珊,周桂军,2013.面向对象的高分辨率遥感影像分割分类评价指标[J].地球信息科学学报,15(4):567-573.

吴迪,刘伟峰,胡胜,等,2017.基于Lab空间的K均值聚类彩色图像分割[J].电子科技,30(10):29-32.

吴柳青,胡翔云,2019.基于多尺度多特征的高空间分辨率遥感影像建筑物自动化检测[J].国土资源遥感,31(1):71-78.

吴喆,曾接贤,高琪琪,2017.显著图和多特征结合的遥感图像飞机目标识别[J].中国图象图形学报,22(4):532-541.

武文娇,章诗芳,赵尚民,2017.SRTM1 DEM 与 ASTER GDEM V2 数据的对比分析[J].地球信息科学学报,19(8):1108-1115.

项静恬,史久恩,1997.非线性系统中数据处理的统计方法[M].北京:科学出版社.

肖鹏峰,冯学智,2012.高分辨率遥感图像分割与信息提取[M].北京:科学出版社.

肖胜,叶功富,倪志荣,等,2003.应用卫星遥感影像分析厦门市地表植被变化[J].林业科学,39(S1):128-133.

谢元礼,张伟,吴乐文,等,2008.1∶2000 地形图构建 DEM 时栅格尺寸的研究[J].西北大学学报(自然科学版),38(3):495-498.

邢变丽,史击天,李珊珊,2013.基于 Mamdani 模糊理论的滑坡敏感性评估[J].农业灾害研究,3(Z1):35-38.

徐天芝,张贵仓,贾园,2016.基于形态学梯度的分水岭彩色图像分割[J].计算机工程与应用,52(11):200-203.

许冲,戴福初,姚鑫,等,2010.基于 GIS 与确定性系数分析方法的汶川地震滑坡易发性评价[J].工程地质学报,18(1):15-26.

许冲,徐锡伟,吴熙彦,等,2013.2008 年汶川地震滑坡详细编目及其空间分布规律分析[J].工程地质学报,21(1):25-44.

许冲,基于最大似然法的地震滑坡信息自动提取及其可靠性检验[J].中国地质灾害与防治学报,2013,(3):19-25.

薛永安,乔清海,吕义清,等,2018.地下采矿扰动影响区研究[J].山西煤炭,38(1):1-3.

闫鹏飞,明冬萍,2018.尺度自适应的高分辨率遥感影像分水岭分割方法[J].遥感技术与应用,33(2):321-330.

闫琦,李慧,荆林海,等,2017.灾后高分辨率遥感影像的地震型滑坡信息自动提取算法研究[J].激光与光电子学进展,54(11):410-420.

杨光,徐佩华,曹琛,等,2019.基于确定性系数组合模型的区域滑坡敏感性评价[J].工程地质学报,27(5):1153-1163.

杨晋强,武坚,程宝琴,等,2008.摄影测量与遥感的融合影像质量评价方法探讨[J].测绘科学,33(5):57-59.

杨明生,李山山,冯钟葵,2018.结合纹理特征分析与比辐射率估计的震后滑坡提取[J].遥感学报,22(S1):212-223.

杨树文,谢飞,韩惠,等,2012.基于SPOT5遥感影像的浅层滑坡体自动提取方法[J].测绘科学,37(1):71-73.

杨树文,2013.工程地质地学信息遥感自动提取技术[M].北京:电子工业出版社.

杨文涛,汪明,史培军,等,2015.基于地形因子分割、分类的面向对象滑坡快速识别方法[J].自然灾害学报,24(4):1-6.

杨文涛,汪明,史培军,2012.利用NDVI时间序列识别汶川地震滑坡的分布[J].遥感信息,27(6):45-48.

杨先全,周苏华,邢静康,等,2019.肯尼亚滑坡灾害分布特征及敏感性区划[J].中国地质灾害与防治学报,30(5):65-74.

杨昕,汤国安,刘学军,等,2009.数字地形分析的理论、方法与应用[J].地理学报,64(9):1058-1070.

杨艳林,邵长生,2018.长江中游地形起伏度分析研究[J].人民长江,49(2):51-55.

叶润青,邓清禄,王海庆,2007.基于图像分类方法滑坡识别与特征提取:以归州老城滑坡为例[J].工程地球物理学报,4(6):574-577.

雍万铃,杨树文,张立峰,等,2017.最优分割尺度的滑坡信息提取[J].测绘科学,42(3):120-125.

雍万铃,2016.基于面向对象多尺度分割的目标信息提取研究[D].兰州:兰州交通大学.

余烨,李冰飞,张小魏,等,2016.面向RGBD图像的标记分水岭分割[J].中国图象图形学报,21(2):145-154.

岳溪柳,黄玫,徐庆勇,等,2015.贵州省喀斯特地区泥石流灾害易发性评价[J].地球信息科学学报,17(11):1395-1403.

詹蕾,汤国安,杨昕,2010.SRTM DEM高程精度评价[J].地理与地理信息科学,26(1):34-36.

张博,何彬彬,2014.改进的分水岭变换算法在高分辨率遥感影像多尺度分割中的应用[J].地球信息科学学报,16(1):142-150.

张彩霞,杨勤科,段建军,2006.高分辨率数字高程模型的构建方法[J].水利学报,37(8):1009-1014.

张桂梅,周明明,马珂,2012.基于彩色模型的重构标记分水岭分割算法[J].中国图象图形学报,17(5):641-647.

张海涛,李雅男,2015.阈值标记的分水岭彩色图像分割[J].中国图象图形学报,20(12):1602-1611.

张海涛,2017.基于高分影像的滑坡提取关键技术研究[D].武汉:中国地质大学.

张建廷,张立民,2017.结合光谱和纹理的高分辨率遥感图像分水岭分割[J].武汉大学学报·信息科学版,42(4):449-455.

张锦明,游雄,2011.地形起伏度最佳分析区域研究[J].测绘科学技术学报,28(5):369-373.

张锦明,游雄,2013.地形起伏度最佳分析区域预测模型[J].遥感学报,17(4):728-741.

张军,李晓东,陈春艳,等,2008.新疆地势起伏度的分析研究[J].兰州大学学报(自然科学版),44(S1):10-13.

张明媚,薛永安,吕义清,等,2019a,地下采煤扰动影响区数字地貌时空演变特征[J].煤矿安全,50(5):243-246.

张明媚,薛永安,李军,等,2017.基于3S的大同侏罗系采煤区地质灾害空间特征分析[J].煤矿安全,48(2):185-187.

张明媚,薛永安,李军,等,2016.基于DEM辅助的崩塌与滑坡灾害遥感提取研究[J].矿山测量,44(6):28-31.

张明媚,葛永慧,薛永安,等,2019b,地下采煤区地质灾害发育空间特征及其成因[J].太原理工大学学报,50(4):472-477.

张明媚,薛永安,吕义清,等,2019c,地下采煤扰动影响土地利用时空演变研究[J].中国煤炭,45(5):102-106.

张明媚,姚国红,2013.面向对象的高分辨率遥感影像信息提取技术[J].地理空间信息,11(1):89-91.

张明媚,2012.面向对象的高分辨率遥感影像建筑物特征提取方法研究[D].太原:太原理工大学.

张帅娟,2017.变化检测和面向对象结合的高分辨率遥感影像滑坡体提取方法研究[D].成都:西南交通大学.

张为,李远耀,张泰丽,等,2019.基于孕灾敏感性分析的高植被覆盖区滑坡地质灾害遥感解译[J].安全与环境工程,26(3):28-35.

张仙,明冬萍,2015.面向地学应用的遥感影像分割评价[J].测绘学报,44(增刊):108-116.

张毅,谭龙,陈冠,等,2014.基于面向对象分类法的高分辨率遥感滑坡信息提取[J].兰州大学学报(自然科学版),50(5):745-750.

章毓晋,1996.图象分割评价技术分类和比较[J].中国图象图形学报,1(2):151-158.

赵斌滨,程永锋,丁士君,等,2015.基于SRTM-DEM的我国地势起伏度统计单元研究[J].水利学报,46(S1):284-290.

赵敏,赵银娣,2018.面向对象的多特征分级CVA遥感影像变化检测[J].遥感学报,22(1):119-131.

赵英时,等,2013.遥感应用分析原理与方法[M].北京:科学出版社.

周成虎,骆剑承,2009.高分辨率卫星遥感影像地学计算[M].北京:科学出版社.

周启鸣,刘学军,2006.数字地形分析[M].北京:科学出版社.

朱成杰,杨世植,崔生成,等,2015.面向对象的高分辨率遥感影像分割精度评价方法[J].强激光与粒子束,27(6):43-49.

邹瑞雪,2017.基于多特征的面向对象高分辨率遥感图像分类[D].成都:电子科技大学.

ABDOLLAHI S,POURGHASEMI H R,GHANBARIAN G A,et al.,2019. Prioritization of effective factors in the occurrence of land subsidence and its susceptibility mapping using an SVM model and their different kernel functions[J].Bulletin of Engineering Geology and the Environment,78(6):4017-4034.

ACHOUR Y,BOUMEZBEUR A,HADJI R,et al.,2017. Landslide susceptibility mapping using analytic hierarchy process and information value methods along a highway road section in Constantine,Algeria[J].Arabian Journal of Geosciences,10(8):1-16.

ADITIAN A,KUBOTA T,SHINOHARA Y,2018. Comparison of GIS-based landslide susceptibility models using frequency ratio,logistic regression,and artificial neural network in a tertiary region of Ambon,Indonesia[J].Geomorphology,318:101-111.

ADITIAN A,KUBOTA T,SHINOHARA Y,2018. Comparison of GIS-based landslide susceptibility models using frequency ratio,logistic regression,and artificial neural network in a tertiary region of Ambon,Indonesia[J]. Geomorphology,318:101-111.

ANBALAGAN R,1992. Landslide hazard evaluation and zonation mapping in mountainous terrain[J]. Engineering Geology,32(4):269-277.

ANDERS N S,SEIJMONSBERGEN A C,BOUTEN W,2011. Segmentation optimization and stratified object-based analysis for semi-automated geomorphological mapping [J]. Remote Sensing of Environment, 115 (12): 2976-2985.

AYALEW L,YAMAGISHI H,MARUI H,et al. ,2005. Landslides in Sado Island of Japan:Part I. Case studies,monitoring techniques and environmental considerations[J]. Engineering Geology,81(4):419-431.

BALASUBRAMANI K,KUMARASWAMY K,2013. Application of geospatial technology and information value technique in landslide hazard zonation mapping:a case study of Giri Valley, Himachal Pradesh[J]. Disaster adv, 6(1):38-47.

BHANDARKAR S M,KOH J,SUK M,1997. Multiscale image segmentation using a hierarchical self-organizing map [J]. Neurocomputing, 14 (3): 241-272.

BHANDARY N P,DAHAL R K,TIMILSINA M,et al. ,2013. Rainfall event-based landslide susceptibility zonation mapping[J]. Natural Hazards,69(1): 365-388.

BLASCHKE T,HAY G J,KELLY M,et al. ,2014. Geographic object-based image analysis-towards a new paradigm[J]. ISPRS Journal of Photogrammetry and Remote Sensing,87:180-191.

BORSOTTI M,CAMPADELLI P,SCHETTINI R,1998. Quantitative evaluation of color image segmentation results[J]. Pattern Recognition Letters,19 (8):741-747.

BOURENANE H,BOUHADAD Y,GUETTOUCHE M S,et al. ,2015. GIS-based landslide susceptibility zonation using bivariate statistical and expert approaches in the City of Constantine (Northeast Algeria)[J]. Bulletin of Engineering Geology and the Environment,74(2):337-355.

BOUZIANI M,GOITA K,HE D C,2010. Rule-based classification of a very high resolution image in an urban environment using multispectral segmentation guided by cartographic data[J]. IEEE Transactions on Geoscience and Remote Sensing,48(8):3198-3211.

CARDOSO J S,CORTE-REAL L,2005. Toward a generic evaluation of image segmentation[J]. IEEE Transactions on Image Processing, 14 (11): 1773-1782.

CARLEER A P,DEBEIR O,WOLFF E,2005. Assessment of very high spatial resolution satellite image segmentations[J]. Photogrammetric Engineering & Remote Sensing,71(11):1285-1294.

CHEN W,CHAI H C,ZHAO Z,et al. ,2016. Landslide susceptibility mapping based on GIS and support vector machine models for the Qianyang County, China[J]. Environmental Earth Sciences,75(6):1-13.

CHEN W,LI W P,HOU E K,et al. ,2014. Landslide susceptibility mapping based on GIS and information value model for the Chencang District of Bao-ji,China[J]. Arabian Journal of Geosciences,7(11):4499-4511.

COLKESEN I,SAHIN E K,KAVZOGLU T,2016. Susceptibility mapping of shallow landslides using kernel-based Gaussian process,support vector machines and logistic regression[J]. Journal of African Earth Sciences,118: 53-64.

CONFORTI M, PASCALE S, ROBUSTELLI G, et al. , 2014. Evaluation of prediction capability of the artificial neural networks for mapping landslide susceptibility in the Turbolo River catchment (northern Calabria,Italy)[J]. CATENA,113:236-250.

CONGALTON R G,1991. A review of assessing the accuracy of classifications of remotely sensed data[J]. Remote Sensing of Environment,37(1):35-46.

DAS I, SAHOO S, VAN WESTEN C, et al. , 2010. Landslide susceptibility assessment using logistic regression and its comparison with a rock mass classification system,along a road section in the northern Himalayas (India)[J]. Geomorphology,114(4):627-637.

DEVKOTA K C,REGMI A D,POURGHASEMI H R,et al. ,2013. Landslide susceptibility mapping using certainty factor,index of entropy and logistic regression models in GIS and their comparison at Mugling-Narayanghat road section in Nepal Himalaya[J]. Natural Hazards,65(1):135-165.

DORREN L K A,MAIER B,SEIJMONSBERGEN A C,2003. Improved Landsat-based forest mapping in steep mountainous terrain using object-based classification[J]. Forest Ecology and Management,183(1/2/3):31-46.

DRONOVA I,GONG P,CLINTON N E,et al. ,2012. Landscape analysis of wetland plant functional types:The effects of image segmentation scale,vegetation classes and classification methods[J]. Remote Sensing of Environment,127:357-369.

DU G L,ZHANG Y S,IQBAL J,et al. ,2017. Landslide susceptibility mapping using an integrated model of information value method and logistic regression in the Bailongjiang watershed,Gansu Province,China[J]. Journal of Mountain Science,14(2):249-268.

FEIZIZADEH B, SHADMAN ROODPOSHTI M, JANKOWSKI P, et al. , 2014. A GIS-based extended fuzzy multi-criteria evaluation for landslide susceptibility mapping[J]. Computers & Geosciences,73:208-221.

GAETANO R,SCARPA G,POGGI G,2009. Hierarchical texture-based segmentation of multiresolution remote-sensing images[J]. IEEE Transactions on Geoscience and Remote Sensing,47(7):2129-2141.

GONZALEZ R C,WOODS R E,2007. Digital Image Processing (3rd Edition) [M]. New Jersey:Prentice-Hall Inc.

GUO C B, MONTGOMERY D R, ZHANG Y S, et al. , 2015. Quantitative assessment of landslide susceptibility along the Xianshuihe fault zone,Tibetan Plateau,China[J]. Geomorphology,248:93-110.

GUZZETTI F, REICHENBACH P, ARDIZZONE F, et al. ,2006. Estimating the quality of landslide susceptibility models[J]. Geomorphology,81(1/2):166-184.

HAGYARD D,RAZAZ M,ATKIN P,1996. Analysis of watershed algorithms for greyscale images[C]//Proceedings of 3rd IEEE International Conference on Image Processing,September 19-19,1996,Lausanne,Switzerland. IEEE:

41-44.

HANSEN M W,HIGGINS W E,1999. Watershed-based maximum-homogeneity filtering[J]. IEEE Transactions on Image Processing,8(7):982-988.

HARALICK R M,SHAPIRO L G,1991. Computer and Robot Vision[M]. New Jersey:Addison Wesley.

HARALICK R M,SHAPIRO L G,1985. Image segmentation techniques[J]. Computer Vision,Graphics,and Image Processing,29(1):100-132.

HAY G J,CASTILLA G,WULDER M A,et al. ,2005. An automated object-based approach for the multiscale image segmentation of forest scenes[J]. International Journal of Applied Earth Observation and Geoinformation, 7(4):339-359.

HECKERMAN D,1986. Probabilistic interpretations for MYCIN's certainty factors[M]. [s. l.]:North-Holland:167-196.

HERVÁS J,BARREDO J I,ROSIN P L,et al. ,2003. Monitoring landslides from optical remotely sensed imagery:the case history of Tessina landslide, Italy[J]. Geomorphology,54(1/2):63-75.

HILL P R,CANAGARAJAH C N,BULL D R,2002. Texture gradient based watershed segmentation[C]//IIEEE International Conference on Acoustics Speech and Signal Processing, April 27-30, 1993, Minneapolis, MN, USA. IEEE:3381-3384.

HOFMANN P,LETTMAYER P,BLASCHKE T,et al. ,2015. Towards a framework for agent-based image analysis of remote-sensing data[J]. International Journal of Image and Data Fusion,6(2):115-137.

HONG H Y,LIU J Z,BUI D T,et al. ,2018. Landslide susceptibility mapping using J48 Decision Tree with AdaBoost,Bagging and Rotation Forest ensembles in the Guangchang area (China)[J]. CATENA,163:399-413.

HONG H Y,PRADHAN B,JEBUR M N,et al. ,2015. Spatial prediction of landslide hazard at the Luxi area (China) using support vector machines[J]. Environmental Earth Sciences,75(1):1-14.

HOOVER A,JEAN-BAPTISTE G,JIANG X,et al. ,1996. An experimental comparison of range image segmentation algorithms[J]. IEEE Transactions on Pattern Analysis and Machine Intelligence,18(7):673-689.

HYUN-JOO,SYIFA,MUTIARA,et al. ,2019. Land Subsidence Susceptibility Mapping Using Bayesian, Functional, and Meta-Ensemble Machine Learning Models[J]. Applied Sciences,9:1248.

INGLADA J,MICHEL J,2009. Qualitative spatial reasoning for high-resolution remote sensing image analysis[J]. IEEE Transactions on Geoscience and Remote Sensing,47(2):599-612.

ISHIZAKA A,LABIB A,2009. Analytic hierarchy process and expert choice: benefits and limitations[J]. OR Insight,22(4):201-220.

JOHNSON B,XIE Z X,2013. Classifying a high resolution image of an urban area using super-object information[J]. ISPRS Journal of Photogrammetry and Remote Sensing,83:40-49.

JULIEV M,MERGILI M,MONDAL I,et al. ,2019. Comparative analysis of statistical methods for landslide susceptibility mapping in the Bostanlik District,Uzbekistan[J]. Science of the Total Environment,653:801-814.

KALANTAR B,PRADHAN B,NAGHIBI S A,et al. ,2018. Assessment of the effects of training data selection on the landslide susceptibility mapping: a comparison between support vector machine (SVM), logistic regression (LR) and artificial neural networks (ANN)[J]. Geomatics,Natural Hazards and Risk,9(1):49-69.

KAYASTHA P,DHITAL M R,DE SMEDT F,2013. Application of the analytical hierarchy process (AHP) for landslide susceptibility mapping:a case study from the Tinau watershed,west Nepal[J]. Computers & Geosciences, 52:398-408.

KUMAR A, SHARMA R K, BANSAL V K,2019. GIS-based comparative study of information value and frequency ratio method for landslide hazard zonation in a part of mid-Himalaya in Himachal Pradesh[J]. Innovative Infrastructure Solutions,4(1):1-17.

KUMAR R, ANBALAGAN R,2016. Landslide susceptibility mapping using analytical hierarchy process (AHP) in Tehri reservoir rim region,Uttarakhand[J]. Journal of the Geological Society of India,87(3):271-286.

LALIBERTE A S,RANGO A,2009. Texture and scale in object-based analysis of subdecimeter resolution unmanned aerial vehicle (UAV) imagery[J].

IEEE Transactions on Geoscience and Remote Sensing,47(3):761-770.

LEE S,MIN K,2001. Statistical analysis of landslide susceptibility at Yongin, Korea[J]. Environmental Geology,40(9):1095-1113.

LI P J,GUO J C,SONG B Q,et al. ,2011. A multilevel hierarchical image segmentation method for urban impervious surface mapping using very high resolution imagery[J]. IEEE Journal of Selected Topics in Applied Earth Observations and Remote Sensing,4(1):103-116.

LIEDTKE C E,GAHM T, KAPPEI F,et al. ,1987. Segmentation of microscopic cell scenes[J]. Analytical and quantitative cytology and histology, 9(3):197-211.

LIU M,CHEN X, YANG S,2014. Collapse landslide and mudslides hazard zonation[M]. Switzerland:Springer.

LIU Y,BIAN L,MENG Y H,et al. ,2012. Discrepancy measures for selecting optimal combination of parameter values in object-based image analysis[J]. ISPRS Journal of Photogrammetry and Remote Sensing,68:144-156.

LKA D,MAIER B, SEIJMONSBERGEN A C,2003. Improved Landsat-based forest mapping in steep mountainous terrain using object-based classification[J]. Forest Ecology & Management,183(1-3):31-46.

LUCIEER A,STEIN A,2002. Existential uncertainty of spatial objects segmented from satellite sensor imagery[J]. IEEE Transactions on Geoscience and Remote Sensing,40(11):2518-2521.

MANDAL B,MANDAL S,2018. Analytical hierarchy process (AHP) based landslide susceptibility mapping of Lish river basin of eastern Darjeeling Himalaya,India[J]. Advances in Space Research,62(11):3114-3132.

MARTIN D R,FOWLKES C C,MALIK J,2004. Learning to detect natural image boundaries using local brightness, color, and texture cues[J]. IEEE Transactions on Pattern Analysis and Machine Intelligence,26(5):530-549.

MAURO C,EUFEMIA T,2001. Accuracy assessment of per-field classification integrating very fine spatial resolution satellite imagery with topographic data[J]. Journal of Geospatial Engineering,3(2):127-134.

MING D P,LI J,WANG J Y,et al. ,2015. Scale parameter selection by spatial statistics for GeOBIA:Using mean-shift based multi-scale segmentation as an example[J]. ISPRS Journal of Photogrammetry and Remote Sensing, 106:28-41.

MONDINI A C,GUZZETTI F,REICHENBACH P,et al. ,2011. Semi-automatic recognition and mapping of rainfall induced shallow landslides using optical satellite images [J]. Remote Sensing of Environment, 115 (7): 1743-1757.

MONDINI A C,MARCHESINI I,ROSSI M,et al. ,2013. Bayesian framework for mapping and classifying shallow landslides exploiting remote sensing and topographic data[J]. Geomorphology,201:135-147.

MYRONIDIS D,PAPAGEORGIOU C,THEOPHANOUS S,2016. Landslide susceptibility mapping based on landslide history and analytic hierarchy process(AHP)[J]. Natural Hazards,81(1):245-263.

MYRONIDIS D,PAPAGEORGIOU C,THEOPHANOUS S,2016. Landslide susceptibility mapping based on landslide history and analytic hierarchy process(AHP)[J]. Natural Hazards,81(1):245-263.

MÖLLER M,LYMBURNER L,VOLK M,2007. The comparison index:a tool for assessing the accuracy of image segmentation[J]. International Journal of Applied Earth Observation and Geoinformation,9(3):311-321.

NEAUPANE K M, PIANTANAKULCHAI M, 2006. Analytic network process model for landslide hazard zonation[J]. Engineering Geology, 85 (3/4):281-294.

NICU I C,ASĂNDULESEI A,2018. GIS-based evaluation of diagnostic areas in landslide susceptibility analysis of Bahluieţ River Basin (Moldavian Plateau,NE Romania). Are Neolithic sites in danger? [J]. Geomorphology,314: 27-41.

OH H J,SYIFA M,LEE C W,et al. ,2019. Land subsidence susceptibility mapping using Bayesian, functional, and meta-ensemble machine learning models[J]. Applied Sciences,9(6):1248.

OZDEMIR A,ALTURAL T,2013. A comparative study of frequency ratio, weights of evidence and logistic regression methods for landslide susceptibility mapping:Sultan Mountains,SW Turkey[J]. Journal of Asian Earth Sciences,64:180-197.

PATRICHE C V,PIRNAU R,GROZAVU A,et al. ,2016. A comparative a-nalysis of binary logistic regression and analytical hierarchy process for landslide susceptibility assessment in the dobrov river basin,Romania[J]. Pedosphere,26(3):335-350.

PHAM B T,SHIRZADI A,TIEN BUI D,et al. ,2018. A hybrid machine learn-ing ensemble approach based on a Radial Basis Function neural network and Rotation Forest for landslide susceptibility modeling:a case study in the Himalayan area,India[J]. International Journal of Sediment Research,33 (2):157-170.

POURGHASEMI H R,PRADHAN B,GOKCEOGLU C,2012. Application of fuzzy logic and analytical hierarchy process (AHP) to landslide susceptibili-ty mapping at Haraz watershed,Iran[J]. Natural Hazards,63(2):965-996.

GONZALEZ R C,WOODS R E,2007. 数字图像处理[M]. 阮秋琦,阮宇智等译. 北京:电子工业出版社.

RAJA N B,ÇIÇEK I,TÜRKOĞLU N,et al. ,2017. Landslide susceptibility mapping of the Sera River Basin using logistic regression model[J]. Natural Hazards,85(3):1323-1346.

SAATY T L,1977. A scaling method for priorities in hierarchical structures[J]. Journal of Mathematical Psychology,15(3):234-281.

SHAFARENKO L,PETROU M,KITTLER J,1997. Automatic watershed segmentation of randomly textured color images[J]. IEEE Transactions on Image Processing,6(11):1530-1544.

SHAHABI H,KHEZRI S,AHMAD B B,et al. ,2014. Landslide susceptibility mapping at central Zab basin,Iran:a comparison between analytical hierar-chy process,frequency ratio and logistic regression models[J]. CATENA, 115:55-70.

SHAHABI H,KHEZRI S,AHMAD B B,et al. ,2014. Landslide susceptibility mapping at central Zab basin,Iran:a comparison between analytical hierar-chy process,frequency ratio and logistic regression models[J]. CATENA, 115:55-70.

SHARMA S,MAHAJAN A K,2019. A comparative assessment of informa-tion value,frequency ratio and analytical hierarchy process models for landslide susceptibility mapping of a Himalayan watershed, India[J]. Bulletin of Engineering Geology and the Environment, 78(4):2431-2448.

SHIN M C, GOLDGOF D B, BOWYER K W, 2001. Comparison of edge detector performance through use in an object recognition task[J]. Computer Vision and Image Understanding, 84(1):160-178.

SINGH K, KUMAR V, 2018. Hazard assessment of landslide disaster using information value method and analytical hierarchy process in highly tectonic Chamba region in bosom of Himalaya[J]. Journal of Mountain Science, 15(4):808-824.

SOILLE P, 2003. Morphological Image Analysis-Principles and Applications[M]. New York: Springer-Verlag New York, Inc, 800-801.

SUJATHA E R, RAJAMANICKAM G V, KUMARAVEL P, 2012. Landslide susceptibility analysis using Probabilistic Certainty Factor Approach: a case study on Tevankarai stream watershed, India[J]. Journal of Earth System Science, 121(5):1337-1350.

SÜZEN M L, DOYURAN V, 2004. Data driven bivariate landslide susceptibility assessment using geographical information systems: a method and application to Asarsuyu catchment, Turkey[J]. Engineering Geology, 71(3/4): 303-321.

TANG G A, 2000. Research on the accuracy of digital elevation models[M]. Beijin: Science Press.

TONG H J, MAXWELL T, ZHANG Y, et al., 2012. A supervised and fuzzy-based approach to determine optimal multi-resolution image segmentation parameters[J]. Photogrammetric Engineering & Remote Sensing, 78(10): 1029-1044.

VAHIDNIA M H, ALESHEIKH A A, ALIMOHAMMADI A, et al., 2010. A GIS-based neuro-fuzzy procedure for integrating knowledge and data in landslide susceptibility mapping [J]. Computers & Geosciences, 36 (9): 1101-1114.

VINCENT L, SOILLE P, 1991. Watersheds in digital spaces: an efficient algorithm based on immersion simulations[J]. IEEE Transactions on Pattern Analysis and Machine Intelligence, 13(6):583-598.

WANG G X,JONG K,ZHAO Q L,et al. ,2015. Multipath analysis of code measurements for BeiDou geostationary satellites[J]. GPS Solutions,19(1): 129-139.

WANG Q Q,GUO Y H,LI W P,et al. ,2019. Predictive modeling of landslide hazards in Wen County, northwestern China based on information value, weights-of-evidence, and certainty factor[J]. Geomatics, Natural Hazards and Risk,10(1):820-835.

WANG Q,WANG Y,NIU R Q,et al. ,2017. Integration of information theory,K-means cluster analysis and the logistic regression model for landslide susceptibility mapping in the Three Gorges area,China[J]. Remote Sensing, 9(9):938.

WESZKA J S, ROSENFELD A, 1978. Threshold evaluation techniques[J]. IEEE Transactions on Systems,Man,and Cybernetics,8(8):622-629.

XUE Y A,ZHANG M M,ZHAO J L,et al. ,2012. Study on quality assessment of multi-source and multi-scale images in disaster prevention and relief[J]. Disaster Adv,5(4):1623-1626.

XUE Y A,ZHAO J L,ZHANG M M,2021. A watershed-segmentation-based improved algorithm for extracting cultivated land boundaries[J]. Remote Sensing,13(5):939.

YALCIN A,2008. GIS-based landslide susceptibility mapping using analytical hierarchy process and bivariate statistics in Ardesen (Turkey):Comparisons of results and confirmations[J]. CATENA,72(1):1-12.

YANG J, HE Y H, CASPERSEN J, et al. ,2015. A discrepancy measure for segmentation evaluation from the perspective of object recognition[J]. ISPRS Journal of Photogrammetry and Remote Sensing,101:186-192.

YANG Z H,LAN H X,GAO X,et al. ,2015. Urgent landslide susceptibility assessment in the 2013 Lushan earthquake-impacted area,Sichuan Province, China[J]. Natural Hazards,75(3):2467-2487.

YASNOFF W A,MUI J K,BACUS J W,1977. Error measures for scene segmentation[J]. Pattern Recognition,9(4):217-231.

YEN J C,CHANG F J,CHANG S,1995. A new criterion for automatic multilevel thresholding [J]. IEEE Transactions on Image Processing, 4 (3):

370-378.

YONG Z,GUO T,PENG A,2003. A Mathematical simulation of DEM terrain representation error-a case study in the Loess Hill gully areas of China[J]. Journal of Mountain Research,21(2):252-256.

ZHAN Z Q,LAI B H,2015. A novel DSM filtering algorithm for landslide monitoring based on multiconstraints[J]. IEEE Journal of Selected Topics in Applied Earth Observations and Remote Sensing,8(1):324-331.

ZHANG H,FRITTS J E,GOLDMAN S A,2008. Image segmentation evaluation:a survey of unsupervised methods[J]. Computer Vision and Image Understanding,110(2):260-280.

ZHANG X L,FENG X Z,XIAO P F,et al. ,2015. Segmentation quality evaluation using region-based precision and recall measures for remote sensing images[J]. ISPRS Journal of Photogrammetry and Remote Sensing,102:73-84.

ZHANG Y J,GERBRANDS J J,1994. Objective and quantitative segmentation evaluation and comparison[J]. Signal Processing,39(1/2):43-54.

ZHU A, WANG R X, QIAO J P, et al. , 2014. An expert knowledge-based approach to landslide susceptibility mapping using GIS and fuzzy logic[J]. Geomorphology,214:128-138.